多元视角下建筑设计理论研究

郝占国　苏晓明　著

北京工业大学出版社

图书在版编目（CIP）数据

多元视角下建筑设计理论研究 / 郝占国，苏晓明著
. — 北京 ：北京工业大学出版社， 2019.9（2022.5 重印）
ISBN 978-7-5639-6972-2

Ⅰ. ①多… Ⅱ. ①郝… ②苏… Ⅲ. ①建筑设计一理论研究 Ⅳ. ① TU201.1

中国版本图书馆 CIP 数据核字（2019）第 185336 号

多元视角下建筑设计理论研究

著　　者：郝占国　苏晓明
责任编辑：邓梅菡
封面设计：点墨轩阁
出版发行：北京工业大学出版社
（北京市朝阳区平乐园 100 号　邮编：100124）
010-67391722（传真）　bgdcbs@sina.com
经销单位：全国各地新华书店
承印单位：三河市明华印务有限公司
开　　本：710 毫米 ×1000 毫米　1/16
印　　张：12
字　　数：200 千字
版　　次：2019 年 9 月第 1 版
印　　次：2022 年 5 月第 3 次印刷
标准书号：ISBN 978-7-5639-6972-2
定　　价：48.00 元

前　言

建筑是艺术形式中的一种，它既是实用的实体，又包含了具有代表性的美学价值，体现出功能与形式、艺术与技术的统一。一方面，由于建筑物本身具有持久性，促使建筑师总是最大限度地去寻找单纯、简洁的艺术形式，以适应各个方面的需求，即在实现功能性和实用性的同时构造美感；另一方面，其多样性的美感由人的视觉体验来得以实现，人们不仅无法回避建筑环境生活，而且建筑形象的好坏对人有至关重要的影响。因此，建筑师在对建筑进行设计时就应在实用性、功能性的基础上，最大限度地表现出建筑外观的单纯、简洁而和谐的艺术美，从而提高建筑物的使用与观赏价值，这具有非常重要的实际意义。

建筑设计原理是当前普通高校建筑学专业理论教学的核心主干课程。通过对该课程的学习，要求学生熟悉建筑设计的一般方法与规律，掌握建筑空间组合的基本准则，了解建筑设计中外部环境与规划、空间的功能与形式，还有建筑结构、建筑材料、建筑设备、建筑经济等方面的知识。

建筑设计方法由于建筑师个性不同而各异，有的继承历史形态，讲求传统，追求历史延续的格局；有的从造型入手，希望外形富有张力，具有标志性，具有某种精神、寓意或时代感。而这一切的前提都是从平面使用功能入手，讲求功能合理、室内外空间富有变化、开合有致。

本书第一章为绪论；第二章为建筑设计的构思与流程；第三章为空间视角下的建筑设计；第四章为建筑形体结构、材料和设备与建筑设计；第五章为景观艺术视角下的建筑设计；第六章为经济视角下的建筑设计；第七章为人体科学视角下的建筑设计；第八章为建筑设计的现代发展。

本书共八章约 20 万字，由内蒙古工业大学郝占国和苏晓明共同撰写。为了确保研究内容的丰富性和多样性，作者在写作过程中参考了大量理论与研究文献，在此向涉及的专家学者表示衷心的感谢。最后，由于作者水平有限，加之时间仓促，本书难免存在不足之处，在此，恳请同行专家和读者朋友批评指正！

目　录

第一章 绪 论

随着社会发展与时代进步，设计范畴不断扩展，设计内涵不断延伸，身处主观价值体系与客观价值体系之间，建筑师必须从动态、发展、前瞻的角度来进行设计思考。这就要求建筑学涵盖的内容不断更新，紧随建筑发展趋势，关注设计前沿思潮，而不只是停留在理论基础及经典示范层面上。建筑设计重在启发想象思维培养整体控制意识，同时还应该尊重建筑的工程性、系统性、多维性和可实施性。本章将对现代建筑的分类与构成要素，建筑设计的基本概念，建筑设计的内容、特点与原则进行具体分析。

第一节 现代建筑的分类与构成要素

一、现代建筑的分类

供人们生活、学习、工作、居住及从事生产和各种文化活动的房屋称为建筑，其他如水池、水塔、支架、烟囱等间接为人们提供服务的设施称为构筑物。建筑物的分类方法有很多种，大体可以从使用性质、结构类型、建筑层数（高度）、承重方式及建筑工程等级等几方面来进行区分。

（一）按建筑的使用功能进行分类

按照建筑的使用功能，建筑可以分为民用建筑、工业建筑、农业建筑三种。

1. 民用建筑

供人们居住及进行社会活动等非生产性的建筑称为民用建筑。民用建筑又分为居住建筑和公共建筑。

（1）居住建筑

供人们生活起居用的建筑物，如住宅、公寓、宿舍等。

（2）公共建筑

供人们进行各种社会活动的建筑物。根据使用功能特点，其又可分为以下几种。

行政办公建筑：写字楼、办公楼等。

文教建筑：学校、图书馆等。

医疗建筑：门诊楼、医院、疗养院等。

托幼建筑：幼儿园、托儿所等。

商业建筑：商场、商店等。

体育建筑：体育馆、游泳池、体育场等。

交通建筑：车站、航空港、地铁站等。

通讯建筑：广播电视台、电视塔、电信楼、邮电局等。

旅馆建筑：宾馆、旅馆、招待所等。

展览建筑：博物馆、展览馆等。

观演建筑：剧院、电影院、杂技场、音乐厅等。

园林建筑：动物园、公园、植物园等。

纪念建筑：纪念碑、纪念堂、陵园等。

2. 工业建筑

工业建筑是供人们进行工业生产活动的建筑。工业建筑包括生产用建筑及辅助生产、动力、运输、仓储用建筑，如机械加工车间、锅炉房、车库、仓库等。

3. 农业建筑

它包括生产用房和贮存用房两种。民用建筑物除按使用性质不同进行分类以外，还可以按使用特点进行分类。

（二）按建筑高度进行分类

低层建筑：低层建筑指建筑高度小于等于 10 m，且建筑层数小于等于 3 层的建筑。

多层建筑：多层建筑指建筑高度大于 10 m 且小于等于 24 m 的其他公共建筑或建筑高不大于 27 m 的住宅建筑，包括设置商业服务网点的住宅建筑。

高层建筑：我国规定十层及十层以上的住宅及檐口或女儿墙距室外地面高度大于 24 m 的其他民用建筑为高层建筑（工业建筑不论建筑高度如何，只分单层厂房和多层厂房）。

超高层建筑：建筑高度超过 100 m时，无论住宅或公共建筑均为超高层建筑。

（三）按承重结构的材料进行分类

1. 砖木结构建筑

这类房屋的主要承重构件用砖、木做成。其中竖向承重构件的墙体、柱子采用砖砌，水平承重构件的楼板、屋架采用木材。这类房屋的层数较低，一般均在 3 层及以下。

2. 钢筋混凝土结构建筑

这种结构一般采用钢筋混凝土柱、梁、板制作的骨架或钢筋混凝土制作的板墙作为承重构件，而墙体等围护构件，一般采用轻质材料做成。

3. 砌体结构建筑

这类房屋的竖向承重构件是采用各种类型的砌体材料制作（如黏土实心砖、黏土多孔砖、混凝土空心小砌块等）的墙体和柱子，水平承重构件采用钢筋混凝土楼板、屋顶板，其中也包括少量的屋顶采用木屋架。这类房屋的建造层数也随材料的不同而改变。其中黏土实心砖墙体在 8 度抗震设防地区的允许建造层数为 6 层，允许建造高度为 18 m；钢筋混凝土空心小砌块墙体在 8 度抗震设防地区的允许建造层数为 6 层，允许建造高度为 18 m。

4. 钢结构建筑

该类型建筑的主要承重构件均用钢材制成，在高层民用建筑和跨度大的工业建筑中采用较多，此外还可分为木结构、生土建筑、塑料建筑、充气塑料建筑等。

（四）按建筑物的规模分类

1. 大型性建筑

这类建筑多建造于大中城市，规模宏大，是比较重要的公共建筑，如大型车站、机场候机楼、会堂、纪念馆、大型办公楼等。这类建筑使用要求比较复杂，建筑艺术要求也较高。因此，这类建筑大都要进行个别设计。

2. 大量性建筑

大量性建筑主要是指量大面广，与人们生活密切相关的建筑。其中包括一般的居住建筑和公共建筑，如职工住宅、托儿所、幼儿园及中小学教学楼等。其特点是与人们日常生活有直接关系，而且建筑量大、类型多，一般均采用标准设计。

二、现代建筑的构成要素

建筑既表示建造房屋和从事其他土木工程的活动，又表示这种活动的成果——建筑物，也是某个时期、某种风格建筑物及其所体现的技术和艺术的总称，如隋唐五代建筑、明清建筑、现代建筑等。

建筑物是人们根据从事生产、生活和进行各种社会活动的需要，利用所掌握的物质技术条件，运用科学规律和美学法则而创造的社会生活环境，如厂房、宿舍、会堂等。仅仅为满足生产、生活的某一方面需要建造的某些工程设施则称为构筑物，如水池、水塔、支架、烟囱等。任何建筑，都是由建筑功能、建筑的物质技术条件和建筑的艺术形象 3 个基本要素构成的。

（一）建筑功能

建筑功能即房屋的使用要求，它体现了建筑的目的性。例如，建造工厂是为了生产；修建住宅是为了居住；建造剧院是为了文化娱乐需要。因此，满足生产、居住和娱乐的要求就分别是工业建筑、住宅建筑和剧院建筑的功能要求。

虽然各种类型的建筑可以满足人们不同的使用要求，但它们都应首先满足人们最基本的功能要求。

1. 满足人体各种基本活动尺度的要求

人在各种各样的建筑空间中活动时，都是由各种最基本的行为单元构成的，这些行为单元的尺度与建筑空间密切相关。为了能设计出便于人们使用的、舒适的活动空间，我们必须首先熟悉一些人体活动的基本尺度。同时还应了解一些常用家具、卫生设备及人在使用这些家具、设备时各种行为单元的尺寸，以便为建筑室内空间设计提供正确的依据。

此外，还要了解建筑空间与人体的基本尺度、行为单元的关系，如在幼儿园设计中活动室可根据活动需要灵活布置，建筑尺度如楼梯、门窗、家具等要符合幼儿身材的特点。同样属于学校建筑的小学、中学、大学的使用对象的人体尺度与相应的活动也有着明显的差别；残疾人的活动往往还要借助器械和设备地帮助，对于活动空间尺度有着特殊的要求，这些都是我们需要了解和注意的。

2. 符合使用过程及特点的要求

人们在各种类型的建筑中活动时，常常是按照一定的顺序或路线进行的。如一个便于使用的火车站，要充分考虑上、下车旅客的活动顺序，才能合理地安排如售票厅、入口大厅候车室、进站口、出站口、行包房等各部分之间的关系。

使旅客顺利上下车，不走冤枉路，不造成拥挤堵塞，做到人货分流，上下车旅客分流，提高建筑使用效率。

各种建筑的用途不同，在使用上要解决的主要矛盾也不同，因此有各自的特点，如图书馆建筑的借、还书及藏书的管理要求；影剧院建筑的视听效果的要求，它们都直接影响着建筑的使用功能。

在工业建筑中，一般情况下厂房的大小、高度并不是取决于人的要求，而是取决于生产工艺、设备的要求。建筑的使用功能也是以产品加工工艺流程确定的。这是工业建筑设计中必须要解决的功能问题。

3. 满足人的生理要求

人的生理要求主要包括人在使用时对建筑的朝向、通风、采光、照明、保温、隔热、隔声等方面的要求，它们包括了人们生活、生产的必需条件，是衡量建筑是否舒适的基本标准。

随着技术水平的提高，建筑满足人的生理要求的可能性会日益增大，如改进材料的各种物理性能，使用机械辅助通风，集中空调等。

4. 满足人的心理要求

建筑除要最大限度满足人对舒适度的要求的同时，还应考虑人的心理要求。除空间的形状、大小、高矮要合理以外，室内的布置、装饰等也应有所考虑，以满足人们在不同的情绪心态之下对于空间环境气氛的心理要求，如幼儿园设计要符合幼儿活泼好动的个性，除室内布置体现出灵活性外，建筑室外环境要布置绿化，并设置一些可供儿童玩耍的场地；娱乐建筑应该创造活跃且具有一定刺激性的环境氛围；休疗养建筑要体现幽静、亲切的建筑性格等。

（二）建筑的物质技术条件

任何建筑都是由建筑材料组成的，并且都具有一定的结构。而要把建筑材料组成建筑结构，形成一个完整的建筑物，还要靠施工技术。因此，材料、结构和施工技术构成了建筑的物质要素。

随着科学技术发展，新的建筑材料不断出现，推动建筑结构向前发展，也同时促进了建筑生产技术进步。材料、结构和施工技术的发展使人们建造复杂的大型结构的想法得以实现，使建筑样式日新月异。材料、结构和施工技术不仅是构成建筑的物质要素，同时也是实现建筑功能目的的重要手段。例如，由于钢材、水泥和钢筋混凝土的问世，建筑由低层发展到高层和超高层，由小跨度发展到大跨度。

建筑技术设备对建筑业的发展也起着重要作用，如电梯和大型起重设备的应用，促进了高层建筑的发展。

1. 建筑结构

结构是支撑建筑的骨架。房屋在自然空间中要抵抗外力的作用而得以“生存”，首先要依赖于结构，而且建筑空间创造也要通过运用结构才能实现，同时结构与建筑造型也有密切关系。建筑结构可承受并传递建筑物上的全部荷载，抵抗风雪、地震、温度变化、土壤沉陷等对建筑的破坏。结构的坚固程度直接影响建筑物的安全和使用寿命。合理选择建筑结构形式会带来与众不同、造型新颖的建筑形象。

柱、梁板和拱券结构是人类最早采用的两种结构形式。由于受天然材料的限制，在古代不可能取得很大的空间。出现了钢和钢筋混凝土后，梁和拱的跨度大大增加。现在它们仍然是建筑中常采用的结构形式。

其应用实例如下。

①埃及神庙中的石材梁板由于受弯能力较差，间跨较小且柱子很密。

②我国古代的砖拱券结构，砖块砌成弧形拱状，利用挤压力代替梁的作用。

③人民大会堂中央大厅的钢筋混凝土梁板结构。

④近代某室内游泳池的钢筋混凝土拱。

目前大量采用的仍是由钢筋混凝土梁、柱组成的框架结构体系。

随着新材料、新技术出现及人们对结构受力原理的深入了解，人们能对结构的受力进行分析和计算，相继出现了桁架、刚架及悬挑结构。悬挑结构利用力的平衡作用，只在一侧设支点，可以取得更为灵活的空间。刚架结构就是把梁和柱连接成一个整体，可以得到比一般梁跨度更大的空间。

人们还根据自然界中生物的合理结构发掘出了如壳体、悬索、折板、充气等多种多样的结构形式。

此外，建筑师还可以充分发挥想象力，运用力学原理创造出各种新颖的结构形式，如抛物线索网结构、拱壳结构、索膜结构形成的自由开放式大空间。

2. 建筑材料

在建筑结构中我们可以看到建筑材料对结构的发展有着非常重要的意义。砖使得拱券结构得到发展；钢和水泥促进了高层框架结构和大跨度空间结构的发展；高强纤维材料则使充气结构和索膜结构得以实现。

材料对于建筑的室内外装修和构造处理也很重要，如玻璃解决了建筑的采光问题，油毡等防水卷材解决了屋面防水问题，各种饰面板材使建筑装修施工更方便，装饰效果更美观。

建筑材料基本可分为天然材料和非天然材料两大类。各种材料有着不同的性能。为了做到“材尽其用”，建筑师首先要了解建筑对材料的要求及各种材料的特性。

当前，强度大、自重轻、不燃烧、防潮、隔声、隔热、不老化、便于加工安装的材料是理想的建筑材料。现实中完全符合“理想”的材料几乎没有，各种材料都有其优点和缺点。但是，现在出现的许多新型复合材料性能有了很大改善，如加气混凝土、钢化玻璃、塑钢型材等。在建筑设计中选择材料时要综合考虑。

3. 建筑施工

建筑施工是把建筑设计图纸变成实实在在的建筑物的过程，一般包括以下两个方面。

（1）施工技术

施工技术包括人的操作熟练程度、施工工具，机械、施工方法等。施工技术水平的高低对建筑物艺术效果有着很大的影响。精湛的技艺才能造出精美的建筑。

（2）施工组织

施工组织包括材料运输、进度安排、人力调配等。

由于建筑的体量庞大，类型繁多，而且又具有不同的艺术创作特点，自古以来建筑施工只依靠大量人力，处于手工与半手工操作状态。20 世纪初，新建筑运动兴起，建筑才开始了机械化、工厂化和装配化的进程。这大大提高了建筑施工的速度，降低了工人劳动强度。

建筑设计中的一切意图和设想，最终都要在施工中受到检验。因此，设计工作者要经常深入现场，以便与施工单位协调，共同解决施工中的问题。

4. 建筑设备

先进的建筑设备也为建筑发展提供了更多的可能性。如电梯解决了高层建筑的垂直交通问题，使建造几十层乃至上百层的摩天大楼的构想变为现实；采暖与制冷通风设备使建筑的开窗形式更加灵活，造型也更加丰富多样。同时，必要的建筑设备也为营造舒适、高效、灵活的建筑内部使用空间带来方便。

（三）建筑的形象与形式美的概念

1. 建筑的形象

建筑的形象是建筑体型、立面式样、建筑色彩、材料质感、细部装修等的综合反映。建筑的艺术形象处理得当，就能产生一定的艺术效果，给人以一定的感染力和美的享受。例如，我们看到的一些建筑，往往给人或庄严雄伟或朴素大方或生动活泼的感觉，这就是建筑艺术形象的魅力。绘画主要是利用线条和色彩的手段，以二维的平面形式来表现不同的形象，那么建筑形象则是通过客观实在的多维参照系的表现方式来实现自己的艺术追求的，概括下来其主要是通过下列手段来表达的。

空间——建筑能形成可供人使用的室内外空间，这是建筑艺术有别于其他造型艺术最本质的特点。

实体——它是获得建筑的手段，从本质上讲，它属于建筑空间的副产品，与建筑空间是相对存在的，主要由线、面、体组成。

色彩、质感——建筑上各种不同的材料会表现出不同的色彩和质感。色彩方面如人造材料的明快纯净与自然材料的柔和沉稳；质感方面如金属、玻璃材料的光滑透明，砖石材料的敦厚粗糙。色彩、质感的变化在建筑上被广泛运用，就是为了获得优美、有特色的建筑艺术形象。

光影——建筑一般处在自然的环境中。当受太阳光照射时，光线和阴影能够加强建筑形体凹凸起伏的感觉，形成有韵律的变化，从而增添建筑形象的艺术表现力。

不同时代的建筑有不同的艺术形象，例如古代建筑与现代建筑的艺术形象就不一样。不同民族、不同地域的建筑也会产生不同的艺术形象，如汉族和藏族、南方和北方，都会形成本民族、本地区各自的建筑艺术形象。从古至今，许多优秀的建筑师正是巧妙地运用了这些建筑表现手段，创造了许许多多优美的建筑形象。

2. 形式美的概念

建筑形象客观来说并不单纯是形式美观的问题，还涉及社会思想意识、民族习俗、文化传统等各方面的因素。但是作为一个良好的建筑形象，它首先应该是美观的。这就要符合建筑形式美的一些基本的规律。古今中外的建筑，尽管在形式处理方面有很大的差别，但凡属优秀的建筑作品，必然遵循一个共同的准则——多样统一。这就是建筑形式美的法则，即在统一中求变化，在变化中求统一。

（1）以简单的几何形状求统一美学

研究认为，简单、稳定的几何形状可以唤起人的美感。因此，人们特别推崇像圆、三角形、正方形等基本的几何形状，认为它们是完整、自然的象征，具有抽象的一致性。

（2）重点与一般

建筑要素彼此之间是辩证统一的关系，不能分割，但又有主次之分。建筑功能是起主导作用的因素；建筑物质技术条件是达到目的的手段，但是技术对功能又有约束和促进的作用；建筑的艺术形象是功能和物质技术条件的反映，但如果充分发挥设计者的主观作用，在一定功能和技术条件下，人们可以把建筑设计得更加美观。因此，在建筑形象处理时要注意突出重点，即在设计中充分利用功能特点，有意识地突出其中的某个部分，并以此为重点，而使其他部分处于从属地位，这样就可以达到主从分明，完整统一。

（3）均衡与稳定

处于地球引力场内的一切物体，都摆脱不了地球引力——重力的影响，人类的建筑活动从某种意义上讲就是与重力作斗争的产物。它决定着意识，也决定着人们的审美观念。在古代，人们崇拜重力，并从与重力作斗争的实践中逐渐形成了一整套与重力有联系的审美观念，这就是均衡与稳定。

（4）对比与微差

对比指的是要素之间显著的差异。对比可以借彼此之间的烘托陪衬来突出各自的特点以求得变化，从而达到强调和夸张的效果。对比需要一定的前提，即对比的双方总是要针对某共同的因素或方面进行比较，如形状的对比（方与圆）；方向的对比（水平与垂直、纵向与横向）；材料质感的对比（光滑与粗糙、轻盈与厚重）；色彩的对比（冷色与暖色）；还有光影的对比（明与暗）；虚实的对比等。

微差是指各要素之间不显著的差异。建筑往往借彼此之间的连续性来求得和谐，容易使人感到统一和完整。

（5）韵律

韵律是指韵味与节律现象。自然界中的许多事物或现象都存在着节律性的特点，日夜、四季的轮回，都有着规律性重复和有秩序变化。作为生物体的一种，人类的生理活动也有着明显的生物节律现象，同时人对于有节律的事物现象有着天性的认同。音乐和诗歌之所以能够打动人的心灵，其中的韵味与节律现象是重要原因，如乐曲中的节奏，能使人感觉到明显的韵律感。

建筑中的许多部分，或因功能的需要，或因结构的布置，也常常是按一定的规律重复出现的，如窗子、阳台、柱子等的重复，都会产生一定的韵律感。这主要体现在构件、空间、形体的连续重复及有规律的渐变、起伏和交错上。

（6）比例与尺度

①比例。任何物体都存在着三个方向——长、宽、高的度量。比例所研究的就是建筑的各种大小、高矮、宽窄、厚薄、深浅等的比较关系。建筑形象所表现的各种不同比例常与建筑的功能要求、技术条件、审美观点有密切关系。良好的比例一般是指建筑形象的总体及各部分之间，在长、宽、高各度量之间具有一定的和谐关系。

西方建筑学家常用几何分析法来探索建筑的比例关系，如巴黎凯旋门，建筑的整体外轮廓为一正方形，立面上若干个控制点分别与几个同心圆或正方形相重合，因而它的比例一般人认为是严谨的。

应该指出的是以不同的材料所建造的建筑造型的比例是不同的。以我国古代木构架建筑与西方古典石结构建筑比较，木梁的抗弯能力较强，因而开间可以大一些，柱间比例较开阔，而石梁跨越能力较差，因而开间小，形成的比例较狭窄，看上去柱子排列较密。

②尺度指的是建筑物的整体或局部与人之间在度量上的制约关系。这两者如果统一，建筑形象就可以正确反映出建筑物的真实大小，如果不统一，建筑形象就会歪曲建筑物的真实大小。例如人民英雄纪念碑采用了我国传统的石碑形式，但并没有将它们简单地放大，而是仔细处理了尺度问题——基座采用两重栏杆，加大碑身比例，因而显示了它的实际尺寸；又如颐和园万寿山昆明湖碑，作为园林中的建筑小品，要有亲切感，因而抬高底座，减小碑身，使其感觉比实际尺寸小。

建筑中有一些构件由于是人经常接触或使用的关系，所以其基本尺寸必须符合人体工学的要求，如窗台、栏杆一般为 900 mm 左右高。人们熟悉它们的尺寸大小，因此会起到参照物的作用，人们会通过它们来感觉出建筑物的高矮大小。

在建筑设计中，一般要真实反映建筑物的大小，否则会使人产生错觉。但在特殊情况下也可以利用改变建筑物的尺度感而取得一定的艺术效果。

第二节　建筑设计的基本概念

一、建筑设计的定义

建筑设计是一种有预设的规划活动。建筑设计构思能借助形象的思维将抽象的立意贯穿在具体的设计手法中，是思想建筑化的过程。建筑设计既可能是宏观的观念艺术，也可能是微观的实效创作；既是物质条件限制下功利性选择的结果，又是建筑师意识流的外化彰显。它需要人们根据环境，结合地域差异性因素，确立其功能个性，并以高效、充满智慧的方式服务于使用目的，通过各种形式表达思想，升华情感，鼓励观者积极参与，唤起期许与想象，同时又要将其物化到切实的建筑结构、技术、材料和建构中，是一种保留与突破共生、借鉴与挑战并存的选择性创作。

（一）广义的建筑设计

广义的建筑设计是指设计一个建筑物或一个建筑群所要做的全部工作。建造建筑是一个比较复杂的物质生产过程，它需要多方面配合，一般要经过设计和施工两个步骤。在施工之前，必须对建筑物或建筑群的建造做全面研究，编制合理的方案，编制出一套完整的施工图样，为施工提供依据。广义的建筑设计工作内容通常包括建筑设计、结构设计、设备设计三个部分。

1. 建筑设计

建筑设计的内容包括建筑内外空间的组合、环境与造型设计，还有细部构造方法的技术设计。建筑设计是建筑工程设计的龙头，它指导着整个工程，并与建筑结构、建筑设备的设计相协调。

2. 结构设计

结构设计的内容包括结构选型、结构计算、结构布置与构件设计，它必须保证建筑物的绝对安全。

3. 设备设计

设备设计的内容包括给水、排水、供热、通风、电气（强电、弱电）、燃气等。它是保证建筑正常使用及改善建筑物理环境的重要设计因素。

（二）狭义的建筑设计

狭义的建筑设计包括建筑空间环境的组合设计和建筑构造设计两部分内容。

1. 建筑空间环境的组合设计

建筑空间环境组合设计的主要内容是通过对建筑空间的限定、塑造和组合，来解决建筑的功能、技术、经济和美观等方面的问题。它的具体内容是通过下列设计来完成的。

（1）建筑总平面设计

建筑总平面设计是指根据建筑的性质与规模，结合自然条件和环境特点，来确定建筑物或建筑群在基地上的位置和布局，规划基地范围内的绿化、道路和出入口，同时布置其他的总体设施，使建筑总体上满足使用要求和艺术要求。

（2）建筑平面设计

建筑平面设计是指根据建筑的使用功能要求，结合自然条件、经济条件、技术条件，包括材料、结构、设备、施工等，来确定房间的大小和形状，确定房间与房间之间的、室内与室外空间之间的分隔与联系方式、平面布局，使建筑的平面组合满足实用、经济、美观、流线清晰和组织合理的要求。

（3）建筑剖面设计

建筑剖面设计是指根据建筑功能和使用方面对立体空间的要求，结合建筑结构和构造特点，来确定房间各部分的高度与空间比例，考虑垂直方向空间的组合和利用，选择适当的剖面形式，进行采光、通风等方面的设计，使建筑立体空间关系符合功能、艺术、技术、经济等方面的要求。

（4）建筑立面设计

建筑立面设计是指根据建筑的功能和性质，结合材料、结构、周围环境的特点及艺术表现的要求，综合考虑建筑内部的空间形象、外部的体量组合、立面构图，还有材料的质感、色彩的处理等诸多因素，使建筑的形式与功能统一，创造良好的建筑造型，以满足人们对建筑的审美需求。

2. 建筑构造设计

建筑构造设计的主要内容是确定房屋建筑各组成构件的材料与构造方式，其具体设计内容包括对建筑的基础、墙体、楼面、楼梯、屋顶、门窗等构件进行详细的构造设计。值得注意的一点是，在建筑空间环境的组合设计中，总平面设计及平面、立面、剖面各部分设计是一个综合考虑的过程，并不是相互孤立的设计步骤，而建筑空间环境的组合设计与建筑构造设计，虽然二者具体的设计内容有所不同，但其目的和要求却是一致的，都是为了建造一个实用、经济、坚固、美观的建筑，因此设计时应该将它们综合起来考虑。

二、建筑的空间

空间是一种无形的弥漫扩散的质，在任何位置和任何方向上都是等价的，自由和不确定是空间的特质。广义的空间含义不仅指向建筑领域，其他艺术形式也会形成空间感受，如舞者通过舞蹈所控制的领域，音乐产生的声场，甚至文学艺术所带来的想象余地等都属于空间的范畴。

建筑以它所提供的各种空间满足着人们生产或生活的需求。

长期以来，人们都把建筑看成是人的生活容器，因为建筑为人的生产和生活创造了一定的活动场所——空间。但从宏观角度来看，即从大建筑观来看，宇宙是由天、人、地三者构成的，人在宇宙中是客体也是主体，建筑空间是宇宙空间的一部分，是在宇宙中划分出来的空间。在自然界中，宇宙空间是无限的，但是建筑空间是有限的。因此，建筑师创造任何建筑空间都要慎重地对待宇宙中的另外两个客体——天和地，即自然。2000 多年前，我们古代著名的哲学家老子就有一句名言："人法地，地法天，天法道，道法自然。"因此，要使我们创造的人造环境——建筑和城市与自然结合在一起，建筑师在建构建筑空间时，一定要善待自然。在此前提下，以人为本，创造建筑空间。

（一）建筑空间与功能的关系

建筑的功能要求及人在建筑中的活动方式决定着建筑空间的大小、形状、数量及其组织形式。

1. 建筑空间的大小与形状

一栋建筑往往是由若干个房间组成的，每个房间就是基本的使用单元。它的形状、大小要满足使用的基本要求。一般在设计中，建筑师要首先确定空间的平面形状与大小。就平面形状而言，最常用的就是矩形平面，其优点是结构相对简单，易于布置家具或设备，面积利用率高等。

此外也有利用圆形、半圆形、三角形、六角形、梯形及一些不规则形状的平面形式，空间的大小则要根据使用人数、家具及人活动行为单元的尺寸来确定，如剧场中观众厅平面的大小和形状是由观众数量、座位排列方式、视线和音质设计要求等诸多因素来综合确定的。

在建筑设计中人们要根据具体情况来采用合理的平面形式及大小。

空间高度方向的形状与高矮尺寸也是确定空间形状的重要方面。空间形状一般多采用矩形空间，但在公共建筑中一些重要空间的设计，如门厅、中庭、观众厅等，确定其剖面形状也是非常重要的设计内容，如美国亚特兰大桃树中心广场旅馆中庭，是建筑空间中引人注目的焦点——趣味中心。

2. 建筑空间的一般分类方式

如何把每个单一空间组织起来，成为一幢完整的建筑，其重要依据就是人在建筑中的活动规律要求。在建筑设计中，为了方便设计分析思考问题，我们常常有着不同的考虑前提，空间的分类随前提条件不同，分类的结果也有所不同。

（1）从便于组织空间的角度上考虑

①使用空间与交通空间，如办公楼中，大厅、过厅、走廊、楼电梯间等均为交通空间，要求路线便捷、人流通畅、疏散及时。办公室为使用空间，要求安静稳定，而且能合理布置办公家具等。

②主导性空间与从属性空间，如影剧院中的观众厅为主导空间，而休息厅、门厅等为从属性空间。从属空间应根据与主导空间的关系而围绕主导空间适当布置。

（2）从便于功能分区的角度上考虑

①公共性空间与私密性空间，如旅馆建筑中，大堂、商店、餐厅、中庭、娱乐用房等为公共空间，客房为私密性空间。这些不同性质的空间应适当分开，公共活动空间应交通方便，便于寻找，而私密区应比较隐蔽，避免大量的人流穿行。

②洁净性空间与污染性空间。如食堂厨房的熟食备餐间和副食初加工间；旅馆之中的餐厅与卫生间；医院的手术室和医疗垃圾处理间等。

③安静性空间与吵闹性空间，如办公楼的办公区和空调设备间；文化馆的文学创作室与戏曲排练厅；体育馆之中的广播电视转播室和比赛大厅等。

3. 常见的几种功能空间排列方式

（1）并列关系方式

该方式中各空间的功能相同或近似，彼此在使用时没有依存关系，如办公楼、宿舍楼、教学楼等。

（2）序列关系方式

此方式中各空间在使用过程中，有明确的先后顺序，以便合理地组织人流，使人们有序的活动，如候车楼、展览馆等。

（3）主从关系方式

此类方式中各空间在功能上既有相互依存又有明显的隶属关系，如图书馆的流通大厅与各阅览室、书库的关系。

（4）综合关系方式

大多数建筑常是以某种形式为主，同时又兼有其他形式存在，如住宅楼中各单元为并列关系，而各单元内部则表现为以起居室为中心的主从关系。

在建筑设计中根据功能需要组织空间是必要的，但在满足功能条件下，采用不同的结构形式及空间处理的手法，仍可表现出不同的建筑形象和性格。

（二）建筑空间与结构的关系

建筑的功能要求是多种多样的。不同的功能要求都需要有相应的结构方法来提供与功能相适应的空间形式，如房间小且变化小，就可以采用砖混结构体系。

为适应灵活分隔空间的需要，建筑可以采用框架承重的结构体系。

为求得巨大的室内空间，则必须采用大跨度结构。

建筑的空间与建筑的功能、结构、形象都是密切相关的。此外，在建筑艺术性方面也有多种空间处理的手法。

（三）空间分割

整体空间的分割同时代表了个体空间的围合程度，通常有绝对分割、局部分割、弹性分割、虚拟分割等。

1. 绝对分割

分割不等于分离，分离意味着游离出局，但分割还存在联系。绝对分割的空间自主与独立性很好，也忠于私密性，但欠缺与外界交流的途径。事实上，真正意义的全封闭是不存在的，只是空间内部与外部关联的渠道局限在门窗等洞口罢了。

2. 局部分割与弹性分割

局部分割与弹性分割因阻隔方式的开放性和可变性给空间方式带来很大的自由度，密斯在 1928 年设计的巴塞罗那博览会馆的构思受到了风格派及构成主义的影响，他用玻璃与大理石墙体穿插布局，展厅内几乎没有一处是四片墙完全拼接在一起的，致使各层级透视相互迭代，体现出了空间的“流动性”。受工业设计的启发，很多建筑空间采用移轨、铰接、感应等机制，使隔断要素能够根据环境气候、使用功能、造型需要等随意推拉、滑移、翻转，增加了空间交流的模式和弹性。史密斯·米勒和霍金森改造设计的位于美国纽约的弗斯·杰福逊公寓，就是采用可翻动的床、可旋转的隔断和桌面等，以新型造型改变了传统的储物方式与生活观念；格伦·玛库特设计的位于澳大利亚阿纳姆地的玛利卡·阿尔德顿住宅采用钢结构建造，为降解过热的气候，建筑物四壁被设计为可以翻转 90° 、随意启闭的整体墙板，以便白天遮阳和形成穿堂风。

3. 虚拟分割

一般实体界面是不能穿越的，但是虚拟分割既能透视，又能穿越。它利用要素突变，使人在主观体验过程中产生视觉意象，心理也同时在邻接、转折或边缘处做一个虚拟界面的“标记”。它以台阶、色彩、材质、照明、激光、影像等作分割手段，但没有持久的实物阻挡。

（四）空间关联

通常只包含单一空间形式的建筑物寥寥无几，大量建筑都由多个相对独立的空间彼此联系、组合成连贯整体。选择不同空间组合方式首先是基于功能群组分化，同时这也是与形式互为约束迁就妥协的结果，它能带来不同的空间序列与节奏情绪，引起不同外部形态及拥有独一无二的建筑意义。

1. 套叠

套叠是指空间之间的母子包含关系，即在大空间中套有一个或多个小空间。之所以为“母子”，是因为两者有明显尺度和形态差异，大空间作为整体背景，同时对场面有控制性力度。当然，小空间也有彰显个性的需要，如果其骨骼方向与大空间相异，那么两组网格之间就会产生富有动势的“剩余空间”。有的里层子空间原形会发生突变，从形状到尺度都与外层母空间冲突，造成势均力敌的冲突，给人以反常乖戾的印象。霍尔设计的意大利威尼斯电影宫，整体外形如同开口的容器，瓶口正好朝向威尼斯潟湖，内部以各个斜面和弧面构成不规则形电影厅，犬牙交错般腾空搭架在湖面上，下部是可供停泊的“船坞”，电梯将由水路来的客人直接送至上层休息厅和酒吧等候放映。内部的这些电影厅犹如巨大尺度的人造洞穴，使人感觉一边被“孕育”一边在努力挣脱。

2. 穿插

穿插是指各个空间彼此介入对方，空间体系中的重叠部分既可为两者同等共有，成为过渡与衔接之处，也可被其中之一占有吞并，从另一空间中分离出来。原有空间经组合后，其界限在穿插处模糊了，但仍具有完形倾向。叶祥荣设计的位于日本熊本的“光中的六柱体”采用 6 个棱长分别为 7 m、6 m、5 m、4 m、3 m、2 m 且大小渐变的正方体相互穿插，除了边长为 6 m 的立方体为 25° 斜向插入之外，其余都正交为风车状。属于原来立方体的区域相对完整，有起居室、餐厅、卧室等，而叠合部分则自然形成交通联系及平台。

3. 邻接

邻接是指各个空间因在使用时顺序连续或活动性质近似等因素，需要将它们就近相切联系。邻接空间的关联程度取决于衔接界面的形式——既可是肯定、封闭的实体即“一墙之隔”，也可是利于相互渗透的半封闭手段，如列柱、半高家具等，甚至仅仅通过空间的高低、形状、方向、表面肌理的对比来暗示人们已经进入另一空间。

4. 过渡转接

过渡转接是指分离的个体空间依靠公共领域来建立联系，在此实现功能变化、方向转换、心理过渡等目的。其实，并非所有空间都意义分明，除了担负着一种或多种用途的区域之外，还有一些“意义不明”的过渡转接空间，它们类似于语言中承上启下的文字。

除此之外，过渡空间具备更多“不完全形”的特质，就像禅宗美学，留有余地，依靠想象来完善它，才实现了其价值所在。建筑学中的“完形”力求寻找简单、规则的构图组织，而“不完全形”则通过对“完形”的特征省略、界限模糊和图形重构来逆向思辨，一些建筑理论家称之为“无形之形”；空间的过渡转接，就是以自组织和交互渗透的形态，使线性、封闭的区域获得对外交流的途径。

三、建筑与环境

建筑的主要目的就是以其所形成的各种室内外空间，为人们的不同活动提供多种多样的场所环境。因而，人、建筑、环境是不可分割的整体。这里谈到的环境包括建筑围合的内部空间环境、建筑所处的外围空间环境和自然环境。如在一个不大的天井内，人工与自然、室内与室外充分融合就营造出一个充满生机的生活空间。

建筑环境所包含的内容是多方面的，在建筑设计中要具体问题具体分析，从人的生产、生活要求出发，从整体环境着手，统筹考虑问题，才能做到建筑、人、环境的和谐统一。尤其是在科学技术飞速发展，人口急剧膨胀的今天，自然环境的人为破坏已经给人类敲响了警钟。因此，建筑环境要走生态、可持续发展之路，将人对自然环境的影响降到最小，既满足当代人的需要，又不对子孙后代构成危害。

第三节 建筑设计的内容、特点与原则

一、建筑设计的内容

建筑设计是房屋建造过程中的一个重要环节，其工作是将有关设计任务的文字资料转变为图纸。在这个过程中，还必须贯彻国家的建筑方针和政策，并使建筑与当地的自然条件相适应。因此，建筑设计是一个渐次进行的科学决策过程，必须在一定的基础上进行。

一项建筑工程从拟定计划到建成使用都要经过编制设计任务书、审定设计指标及方案、选址及场地勘测、建筑工程设计、施工招标与组织、配套及装修工程、试运行及交付使用、回访总结这几个环节。建筑工程设计是指设计一幢建筑物或一个建筑群所要做的全部工作，包括建筑设计、结构设计和设备设计三方面的内容。人们习惯上将之统称为建筑设计，从专业分工的角度来说，建筑设计是指建筑工程设计中由建筑师承担的那部分设计工作。

（一）建筑设计

建筑设计可以是一个单项建筑物的建筑设计，也可以是一个建筑群的总体设计，一般由注册建筑师来完成。建筑设计就是指根据相关部门审批下达的设计任务书和国家有关的政策规定综合分析建筑功能、建筑规模、建筑标准、材料供应、施工水平地段特点和气候条件等因素，运用科学技术知识和美学方案，正确处理各种要求之间的相互关系，为创造良好的空间环境提供方案和建造蓝图。建筑设计在整个工程设计中起着主导和先行的作用，包括建筑空间环境的组合设计和构造设计两部分内容。

1. 建筑空间环境的组合设计

这一部分是通过建筑空间的规定、塑造和组合，综合解决建筑物的功能、技术经济和美观等问题，主要通过建筑总平面设计、建筑平面设计、建筑剖面设计、建筑体型与立面设计来完成。

2. 建筑空间环境的构造设计

这一部分主要是确定建筑物各构造组成部分的材料及构造方式，包括对基础、墙体、楼地层、楼梯、屋顶和门窗等构配件进行详细的构造设计，也是建筑空间环境组合设计的继续和深入。

（二）结构设计

结构设计是根据建筑设计方案选择切实可行的结构布置方案。结构计算及构件设计一般由结构工程师完成。

（三）设备设计

设备设计主要包括给水排水、电气照明、采暖、通风、空调和动力等方面的设计，由有关专业的工程师配合建筑设计来完成。建筑设计是在反复分析比较后，与各专业设计协调配合，贯彻国家和地方的有关政策、标准、规范和规定，并经反复修改才逐步完成的。各专业设计的图纸、计算书、说明书及预算汇总，构成了一项建筑工程的完整文件，作为建筑工程施工的依据。

二、建筑设计的内容和特点

（一）内容

建筑设计的过程内容一般应包括方案设计、初步设计和施工图设计三大部分。方案设计是建筑设计的第一个阶段，担负着确立建筑的设计思想与意图，并将其形象化的任务，它对整个建筑设计过程所起的作用是开创性和指导性的；初步设计与施工图设计则是在此基础上逐步落实其经济、技术、材料等物质要求，是将设计意图逐步转化成真实建筑物的重要筹划阶段。

（二）特点

建筑设计就是根据建筑物的使用性质、所处环境和相应标准，运用物质技术手段和建筑美学原理，创造功能合理、舒适优美、满足人们物质和精神生活需要的室内外空间环境。设计构思时，建筑师不仅需要运用物质技术手段，即各类装饰材料和设施设备等，还需要遵循建筑美学原理，综合考虑使用功能、结构施工、材料设备、造价标准等多种因素，如从建筑师的角度来分析建筑设计的方法，主要有以下几点。

1. 立意

设计的立意至关重要。可以说，一项设计没有立意就等于没有“灵魂”，设计的难度也往往在于要有一个好的构思。一个较为成熟的构思，往往需要设计有足够的信息量，有商讨和思考的时间，在设计前期和出方案的过程中使立意逐步明确。

2. 内外与整体协调统一

建筑室内外空间环境需要与建筑整体的性质、标准、风格及室外环境协调统一，它们之间有着相互依存的密切关系，因而设计时需要从里到外、从外到里多次反复协调，使其更趋于完善合理。

3. 对象的推敲

建筑设计中各种矛盾的解决方法与设计意图，最后都将表现为图纸上的具体形象，比如一个小学校的设计，教室的长宽形状是否合用，与走廊的联系是否方便，结构布置是否合理，乃至楼梯布置、门窗大小等，所有这些问题在解决时都离不开人们对具体形象的研究。建筑设计不仅是逻辑推理的过程，更重要的是形象的推敲过程。

4. 外围知识的积累

建筑设计和人们的社会生活息息相关，广泛的知识面会对建筑设计有很大的帮助。建筑师要注意观察周围的生活，留意它们和建筑的关系，这样可以学习到许多对建筑设计有益的知识。建筑艺术修养需要长期积累和大量的感性认识作为基础。它与其他艺术有许多互通的规律，在学习中多涉猎各种艺术形式，对提高建筑艺术素养是十分有益的。

三、建筑设计的基本原则

建筑设计是一项政策性和综合性较强、涉及面广的创作活动，其成果不仅能体现当时的科学技术水平、社会经济水平、地方特点、文化传统和历史影响，还必然受到当时有关建筑方针政策制约。建筑设计除应执行国家有关工程建设的方针政策外，还应遵循下列基本原则。

①坚决贯彻国家的有关方针政策，遵守有关的法律法规、规范和条例。

②遵守当地城市规划部门制定的城市规划实施条例。建筑设计必须服从城市规划的总体安排，充分考虑城市规划对建筑群体和个体的基本要求，使建筑成为城市的有机组成部分，城市规划的要求具体来讲有规划部门指定用地红线、建筑密度、容积率和绿化率等。

③考虑建筑的功能和使用要求，创造良好的空间环境，以满足人们生产、生活和文化等各种活动的需要。

④建筑设计的标准化应与多样化结合。在建筑构配件标准化和单元设计标准化的前提下，应注意建筑空间组合、形体和立面处理的多样化。建筑不仅应

具备时代特征，还应具有个性。

⑤考虑建筑的内外形式，创造良好的建筑形象，以满足人们的审美要求。

⑥建筑环境应综合考虑防火、抗震、防空和防洪等安全功能与设施。在设计时必须遵照相应建筑规范和建筑标准，采取必要的安全措施，以确保人民的生命财产安全。

⑦体现对残疾人、老年人的关怀，为他们的生活、工作和社会活动提供无障碍的室内外环境。

⑧考虑材料、结构与设备布置的可能性与合理性，妥善解决建筑功能和艺术要求与技术之间的矛盾。

⑨考虑经济条件，创造良好的经济效益、社会效益、环境效益和环保效益。考虑施工技术问题，为施工创造有利条件，并促进建筑工业化。

⑩在国家或地方公布的各级历史文化名城、历史文化保护区、文物保护单位和风景名胜区实施的各项建设，应按国家或地方制定的有关条例和保护规划进行，注意不破坏原有环境，使新建筑物与环境协调。

第二章 建筑设计的构思与流程

建筑设计并非建筑师的内心独白，也不能只停留在直觉层面，而需要深入分析，不断调整，将横向知识引入，进行多方案比较，从而最终把概念意向反映在平面图、立面图、剖面图、透视图、轴测图等图纸上，建筑师还可用模型方式展现设计成果，使空间创作以直观具象的形态呈现出来。本章主要阐述建筑设计的构思与创意，建筑设计的流程、手段与方法。

第一节 建筑设计的构思与创意

一、建筑设计的构思方法

构思是一种原始、概括性的思想构架，是人对设计条件分析后的心灵反馈及试图将其转变为设计策略的过程。很多入门者在做方案时，往往感到无从下手，在被问及“想法”时也无以应答。在这种情形下，即使已经获得平面或造型，也会因偶发成分过重而缺乏根基，经不起推敲。灵感不是毫无根据的，建筑师首先需要明确具体任务要求，深入进行项目分析，发现、确定亟待解决的各方面问题，逐步接近关键与核心问题，再着力构想应对方法。构思是借助形象思维将抽象立意贯穿实施的重要步骤，是思想“建筑化”的过程，其中考虑的因素较为具体，从环境到建筑本体、从空间到形态、从概念到可实施性等多条线索都应同时考虑，互动整合。

（一）环境法

对场地环境的地形地貌、地段位置、气候、资源等特征进行分析，可以成为构思的起点。我国传统民居中有很多与自然默契交融的生存居住经验。地处丘陵地带的湘西民居采用底层部分架空吊脚楼形式，既避免了虫蛇侵袭和潮湿的地气，又能顺应坡地地形。在新疆吐鲁番地区，当地居民利用“坎儿井”地下水网系统将天山积雪融化后的水源引入干旱地区，并采用高出屋顶好几米的透空隔栅棚架覆盖院落，夏季既能遮阳蔽日，冬季又能挡风，这种特殊的建造方式主要是人们出于对干热气候环境的适应需要。

事实上，乡土建筑多奉行经验主义，它与当地自然环境和人文气质都极为和谐，因而成为很多建筑师推崇的美学对象与设计策略。例如，迈考比建筑师事务所设计的美国奥克斯福德库克住宅就吸取了当地乡村建筑中农舍、畜棚和草料仓等形式，建筑主体与车库由走廊和阳光室联系，形成长向舒展的比例，两坡非对称的金属波纹板屋面在混凝土砌块墙体上投射出深厚的阴影，如同民居的即兴视觉呈现，壁炉和烟囱令人联想到传统住宅的典型要素，成为垂直中心能够收束视线。

周边现存建筑状况对拟设计建筑物有很大影响，新老建筑关系向来是有着争议且操作难度较高的实践活动。新建筑在建造之后势必要在相当长的一段周期内加入整体环境中成为其中的一员，并产生影响，这就需要建筑采用合理的语言来阐释相互间的关系。例如，埃森曼在设计意大利庞贝火车站方案时，由于该城市由不规则的古庞贝布局与罗马扩张时期的理想化网格混合交接组成，而铁路将北部农业区与南部城市中心区域一分为二，同时也将古城遗迹与现代城区隔离开来。因此，火车站旨在创造一种新的渗透性关联，以交叉框架与半透明玻璃组成的屋顶的方向性图式，来表达既与两种并存的城市肌理片段相类似，同时又能将二者有机“缝合”为一体的概念。

因战争损毁的德国柏林恺撒·威廉纪念教堂早在1961年就得到了整体改建，旧有残缺不全的新罗马风格的建筑犹如剖面模型一般被原封保留，内部空间辟作博物馆，介绍这座建筑与宗教有关的历史，在东面废墟旧址上新造了比例细高的柱体钟塔；西面建造了体量较大的八边形平面的新祈祷堂及附属建筑，新旧建筑统一在抬高的大平台之上。色彩淡定、形态简洁的新建筑群采用模数化混凝土方格网立面，为细部丰富的老教堂提供了匀质背景。新旧建筑反映出不同时代的鲜明特征，成为城市中融合历史与当代文化的真实载体。

无独有偶，在德国慕尼黑旧城中心的西北侧坐落着老、中、青“三代同堂”的美术馆家族。1822 ~ 1825年，莱奥 · 冯 · 克伦策设计了新文艺复兴式风格的古绘画馆。时隔近160年后，建筑师亚历山大 · 冯 · 勃兰卡在其北面的新绘画馆中大量采用了后现代主义手法，其主入口面向古绘画馆，并且大量运用拱形窗作为与老馆呼应的建筑语汇，无论是展品内容还是展示空间方式都传承了既有文脉。2000年，由斯蒂芬 · 布劳费尔斯设计的现代绘画馆以位置关联替代了立面要素关联的手法，通过一条由西北贯穿东南的对角线将方形建筑切开，其西北方向自然形成面向两座“前辈”展馆的巨型门廊，东南向则是利于迎接来自市中心观众的入口及大厅。这条对角线不仅体现了新老建筑及其与城市的对位关系，同时也成为内部功能和空间组织的主轴线。在这个方向上，两个逆转的“八”字形巨大台阶宽度逐渐缩减，成为联系三层展览空间的纽带，共同交汇于轴线中心处直径为 30 m 的圆厅空间中。此时，建筑与环境的适配关系成为设计构思的焦点。

（二）功能法

功能是建筑物的基本要素，一方面，满足功能要求是方案设计的主要着眼点和目标之一；另一方面，可以通过建筑物质形态设计来突破传统的思维定式，赋予功能新的意义。功能法是从业主倾向及功能要求出发，分析空间分隔形式，确定设计主导走向。

建筑设计的功能布置通常体现在平面构思上，可借鉴合理的分区配置模式。建筑平面本质上是对建筑功能进行图示表达，同时又是对空间内外形态、结构整体体系等诸多设计要素进行暗示。平面功能设计受到多方面因素影响，如人的生理与心理差异性、人的行为复杂性及人的需要多样性等，都会造成平面功能的不同。这里将平面构思作为设计突破口，创造出新颖的环境建筑设计方案，要求设计师在解决平面功能的常规设计基础上，从创造独特平面形式的立意出发积极展开构思工作，通常有以下几个着手点。

1. 以功能演变为目的的平面构思

在环境建筑物设计中，满足平面功能要求是建筑设计的基本目标之一。功能问题实质上是反映人的一种生活方式，不同建筑类型的功能要求反映着人的不同生活秩序与行为。随着社会经济发展、科技进步，人们的生活方式也随之改变，因此在建筑设计时，满足功能要求是基本，而通过平面构思去创造一种新的生活模式才是高的境界。例如，中国现代城市住宅平面形制随着人们生活水平的提高与功能需求的改变，而发生了一系列变化。

2. 从流线的特殊性进行的平面构思

流线处理是平面设计中对功能布局的科学组织和对人的生活秩序的合理安排。尽管各类建筑的流线形式有简有繁，但都必须符合各自的流线设计原则。设计者在遵守流线设计原则的基础上，开创了另一种流线处理的新思路，获得了与众不同的新方案。

例如，赖特在设计纽约古根海姆美术馆时，就是以“组织最佳展览路线”为平面构思的。他打破了传统组织展览路线的套路，将陈列大厅设计成一个圆筒形空间，高约 30 m，周围是盘旋而上的层层挑台，地坪以 3% 的坡度逐渐升起。圆筒形空间的外围直径从底层的 30 m 逐渐扩大到顶部的 38.5 m。观众参观时，先乘电梯至顶层，然后边参观边顺坡而下。展览路线全长 430 m，从上而下一气呵成，可使观众保持连续的观赏情绪。这种展览方式与众不同，并由此又创造出了别具一格的建筑形象。

（三）思想法

思想法发乎感性，止于理念。建筑构思不是空乏游离的逻辑思辨，也不是设计说明中浅尝辄止、断章取义的文字游戏，更不是无端的情绪宣泄或简单地模拟具象事物形态及无谓象征。建筑既是物质条件限制下功利性选择的结果，又是建筑师意识流的外化显示。因此，同一建筑师在不同时空情境下设计的作品形象既独一无二，又相互关联，将这些共性特征放大去观察，人们就会发现它们差不多来自同源的“生成编码”，其编码特质属于建筑师个体的概念和手法。正是不同的“DNA 源”，造就了建筑师作品的个性差异和明显的可辨别性表征。

概念不能凭空捏造，哲学美学背景是立意的基础，历史文化与思想情感是建筑编码的培养基础。例如，建筑大师齐康所设计的南京大屠杀遇难同胞纪念馆，借助交错的墙垣、片段式浮雕及大片沙砾和枯槁的树干，再现了灾难性历史场景，带动观者在参观过程中的情感跌宕，精准表达出最初的立意与定位。齐康设计的哈尔滨金上京历史博物馆采用四合院布局，东向大门和会宁府相对应，院落西北缺口与阿骨打墓冢等历史遗迹取得关联，在造型上，具有“武士”意义的方形中庭、犹如刀枪行列的入口架及象征烽火台的西北出口等，均具有强烈的标志性，暗合了历史博物馆的意义所指。

除了在哲学文化基础上的“写意”构思之外，受具象形态感染而生的“写形”也可能成为触发灵感的机制。例如，SOM 建筑师事务所设计的上海金茂大厦，从中国古代高层构筑物——密檐式塔的造型中得到启发，设计出层层收进、优雅稳定的形态。再如，哈迪德设计的日本早月餐厅室内就餐空间与休息厅就以“冰”与“火”为象征原形，形成截然不同的情境，灰色调的金属和玻璃表现札幌的冰雪，而“冰”的上方由鲜艳的红、黄和橙色的尖角状块面旋转组成飘动摇曳的“火”。

值得注意的是，“写形”的“写”，意味着抽象在先，而不是单纯去模仿。它虽源于具象形态的启示，却应概括出高于形态的特征。过于真实的场景空间只会使观者被动的将其一比一还原为初始参照对象，毫无想象余地可言，这种造型手法并不高明。

（四）技术法

技术因素在设计构思中也占有重要的地位，尤其是建筑结构因素。因为技术知识对形成设计理念至关重要，它可以作为技术支撑系统，帮助建筑师表达设计理念，甚至能激发建筑师的灵感，成为方案构思的出发点。一旦结构的形式成为建筑造型的重点时，结构的概念就超出了它本身，建筑师就有了塑造结构的机会。

所谓的结构构思，就是对建筑支撑体系，即“骨架”的思考过程，使其与建筑功能、建筑经济和建筑艺术等诸方面的要求紧密结合起来。从结构形式的选择引导出设计理念，充分表现其技术特征，从而充分发挥结构形式与材料本身的美学价值。在近代建筑史中不少著名的建筑师都利用技术因素（建筑结构、建筑设备等）进行构思，而创作出了许多不朽的作品。

任何建筑都无法凌驾于结构限制之上，有的甚至反而首先受到结构掌控。除了结构技术，建筑师还需考虑材料，构造技术及声、光和电等建筑物理技术。例如，由青年旅美建筑师组成的 Urbanus 都市实践建筑设计事所，在北京华远 CBD 项目立面改造方案设计中，巧妙利用角部巨型结构，既将原有不规则多边形体补充为方形体量，又成为若干从老建筑主体出挑的水平斜向办公体量的支撑体系。这些每隔若干层就悬空架设的玻璃盒子方向各异，形同错落的空中天桥，既增加了内庭的视觉层次，又与旧有结构共同形成自平衡整体。总之，技术法从构思阶段就充分考虑结构等技术因素的方案从逻辑上显示出较高的可实施程度。

二、建筑设计的构思过程

要想建立建筑的立意和构思，就要敢想。立意是目标，构思是实现立意的过程、展开，表达技巧是实现建筑立意、构思的手段。建筑设计是创造人居建筑空间的过程，要体现人的物质要素和精神要素。一切的创作活动，都要符合人类的建筑艺术美学规律、建筑技术规范要求，坚持为人类服务。

实现建筑立意与构思，要有良好的建筑设计立意和构思途径与方法，要综合运用建筑的内在特征、建筑美学规律及建筑技术等，要将感性思维、理性思维向图示思维，即设计图形转换。

良好的建筑立意和构思离不开建筑表达，建筑师要有良好的设计表达技法，来实现从 2D 向 3D 空间的转换。图形是建筑的语言，绘图是建筑师进行交流的语言，建筑设计立意和构思的手段与技巧就是要综合运用图形语言，这是建筑师的基本功。建筑师不但要学习计算机辅助设计，而且还要加强对自身手绘、模型制作能力的培养，提高空间造型能力、艺术审美能力和建筑艺术素养。为此，建筑师要多绘制建筑速写，积累建筑立意、构思源泉。

建筑设计最终服务于人，要“以人为本”，要满足人的物质和精神的双重需求。建筑师要研究人的行为活动与生活需求，结合各类建筑特点、空间环境及地域文化等，有效解决建筑与环境、建筑造型与功能、建筑内部与外部空间、建筑与结构和设备、建筑与技术、建筑与经济、建筑与法规等的关系。跟踪建筑新科技，做到人性化设计，创作出符合时代精神特征与继承传统文化的有机建筑。

学习建筑设计构思表达，要经历一个循序渐进的过程，这个过程可分为以下几个阶段。

①从分析、模仿开始。初学者要学会分析、模仿，模仿优秀建筑作品，感受建筑，分析优秀建筑作品，培养兴趣，陶冶情操，这是学习建筑设计的入门阶段。

②在模仿的过程中，学习者对建筑设计需要保持执着与坚持的态度。面对浮躁社会要稳重，树立建筑理想、目标，并能脚踏实地，潜心求索，不懈模仿，不断探寻，这是建筑设计的积累过程。在这一阶段，学习者要勇于实践，不怕挫折，努力提升自己的审美观念。

③在坚持模仿过程中，学习者提升了建筑观念，在提升建筑观念的同时，要努力发现和寻找自己的个性，要建立符合自我个性的设计理想、设计方法，从而实现建筑设计完美的个性创造。这是建筑设计由量变到质变的过程，是超越与腾飞的过程，是建筑设计走向成熟的过程。在这一阶段，人们要建立建筑观念、建筑立意及建筑构思，并能不断总结，从而掌握设计方法和表达技巧，能够独立完成学习任务，从而进行建筑创作。

三、建筑设计的创意来源

在建筑创作中，设计思维贯穿于建筑师创作的全过程，看不见、摸不着，但却形成了设计思考点，连成设计思索线，进而形成完善的设计方案核心和关键。因此，整个建筑创作过程的设计思维，也可以说是设计中的思考或思考着的设计——建筑创意。

建筑创意的核心是设计思维的反复深化与表达过程。设计思维的思考点（创意点）、思索线（设计思路）是建筑创意的关键，也是影响整个建筑创作成功与否的重要因素。建筑创意的表现形式体现为一个思维过程，拥有过程性、表达性双重特征。建筑创作中的每一次进展表达，人们都可以将其看作是设计思维外化为建筑创意的结果。建筑创意的最终目标是综合各种因素（功能、技术、审美、地域、人文、生态……），通过不断反复的思考与表达，形成表达完美的设计方案，最终体现建筑的价值。因此，建筑创意是一个复杂的，综合各种因素而不断思考的，理性与感性思维、逻辑思维与形象思维循环往复的过程。

创意不是凭空而来，而是积累后的顿悟；我们需要经历多次“理性——感性——理性”的反复之后，才能锤炼出优秀的方案。具体而言，创意的来源包括以下几个方面。

（一）异质同化与同质异化

1. 异质同化

所谓异质同化，就是变陌生为熟悉，将新的系统归纳、沉淀到人们所熟知的系统中。任何方案设计都不是真正从零开始、从无到有，而是以熟悉的空间、尺度为参考原形，根据人对生活模式和建筑模式的固有理解，从新的层面、新的路径不断进行的改良提升。异质同化利于聚合思维，将复杂问题简单化、基础化。这就要求建筑师要研读大量的设计案例，让专业视角沉淀到潜意识中，在发散的头绪中理出基本线索。

随着建筑师设计经验不断积累，社会学、哲学、历史、音乐、语言学、诗歌等各方面知识的贯通融会，都可能成为理解和构思建筑的“点金石”，建筑师也因此具备了自己的思想理论与哲学气质。埃森曼就与当代思想教父德里达等哲学家保持着深厚友谊，甚至相互合作将他推崇的解构哲学审美化、图解化。与解释他人哲学的建筑师不同，还有一类建筑师是自创哲学的宣扬者，并通过实际作品来不断诠释。历史上莱特创造了“有机建筑”理论，密斯用“少就是多”表达技术干预的高效性，迈耶以白色建筑成了抽象巴洛克美学的歌者。由此可见，哲学与美学在建筑领域内的异质同化，已经成为让建筑更加内在化的精神推动。

2. 同质异化

所谓同质异化，就是变熟悉为陌生，破除思维定式和稳态，举一反三，不要将人们熟知的规律变为迂腐和毫无生气的累赘，要善于联想、转化、变换。比如提及空间，很多人容易采用在平面图上“拔高”产生立体的做法，事实上空间并不一定只是“方形”，界面不一定全部封闭，墙、顶、地也不一定就是水平面和铅垂面以正交模式交接。简洁几何形也并不意味着形态单调。标高变化、错层设置、空间渗透，最终可以创造出多元语境。只有兼顾异质同化与同质异化原则，才能引导思维在发散与聚合、横向与纵向之间跳跃转换，让设计者具备日臻成熟的个性化专业素养。

（二）类比与移植

在建筑设计中，类比与移植的创造性技能就是借助不同建筑类型或其他事物，深入细致地比较其相似与相异之处，直接或间接进行联想想象、移花接木、转换改型等。

1958 年尤纳・弗瑞德曼之所以创建“移动建筑”理论，是因为他承认并且接受人类行为和居住者的不可测性。他意识到动物在永恒不变的自然法则中自由生存；与之相反，由于参照点的不断变化，人类的行为却没有真正意义上的自由。他以一些简单材料制作模型，思考不规则结构对建筑的意义。他在与结构化“粒子空间”的类比中产生了“空中城市”想象，设想城市整体飘浮在空中，建筑单元镶嵌在“基本架构”内，并相互连接，每隔一定距离设置出口，与地面联系；地面被解放出来，以安排公园、水面、运动场等功能场所，并建立工业化传送带作为人行走道。同时，他还以裙皱纸张与蛋白质链接形态为原形来研究城市“基本架构”的任意性。针对河流、铁路等“鸿沟”，他还提出“桥镇”方案，认为既然大跨度桥梁结构会不可避免的占据很大空间，因此设想将城市商业、办公、文化及居住建筑空间移植嵌入桥体中，以桥延续镇，桥、镇融为一体，使其不仅成为交通纽带，也具备居住使用功能。

受其影响，英国的“建筑电讯”小组在 20 世纪 60 年代中期提出了由“巨型结构”组装而成的“插件式”城市理论，设想城市由功能复杂的预制“零部件”插接而成，即用轻质高强材料造成可装可卸的整体构架作为底座“插板”，并且配备周全的服务管网设施，不同功能的公共建筑与居住单元如同预制好的“插头”，只要插入整体构架，接通管网，就能运作，不用时，拔下“插头”即可。

人类总是依靠憧憬为动力不断进步和迈向未来。我国在两千多年前就曾削冰块制成聚焦透镜以太阳能点火，在汉代就发明了用金铜合金制成的反射聚焦凹镜“阳燧”集热器。当代建筑又从向日葵的生物智能得到启发，发明了可以跟踪阳光方向的日光捕捉器，并在建筑底部安装旋转平台使其整体转动，以主动充分利用太阳能。对环境和自然科学的关注，使一些建筑师从遗传学和神经机械学等角度模拟设计智能生长建筑物，其根部演变为地基，细胞膜与表皮如同墙壁等围护结构，毛孔则与建筑中的门窗功能类似，建筑外观及内部家具都能像生物一样被定制栽培，运用显微技术和分子基因工程，这种类植物体的建筑生长由感应敏锐的向性所引导，通过动力装置、光纤传感和其他组件对环境和结构应力做出反应，“智慧型”材料及成熟的电脑程序可以使建筑成为极为活跃的人造物。理论上讲，与之相关领域的专门化研究每一次进步，都将使这种构想更接近真实。由此可见，建筑设计采用类比与移植，引入非常规思考角度，将其他学科结构、知识特征与思考方法进行概括性迁移并植入本学科领域，这些都可能产生另类的创意构想。

（三）整合与重建

所谓整合就是将不同对象进行信息、原理、技法等多方面的解析、重组与创新。这当然要求建筑师具有开阔的视野和一定深度的知识层面，除了专业学习，建筑师还应拓展兴趣、集思广益。事实上，设计主题切入点的随意性很高，手段也很多，人们可根据各自不同的兴趣寻找相关资源，利用网络、影像，甚至是电脑游戏等来补充传统调研的局限性，最终锁定契合目标。在多领域边沿融合的趋势下，整合不仅可以是设计素材的梳理与组织，也可以是设计技巧和手法的变通。

作为时下频繁使用的名词，整合的真正含义却很容易被某些忽视文脉与地域特性的平庸设计偷梁换柱。事实上，整合并不意味着盲目模仿或多样堆砌，“舶来”与“玄想”都不可取，而正是一点一滴的“破”与“立”重构了艺术创作。建筑师首先要在纷繁复杂的思潮与手法中不迷失立场，扬长避短，然后再结合地域差异性因素，确立建筑功能个性，汲取传统文化的同时也切中时代需求，以整合后的“语言”来建构新“模式”。

很多优秀的建筑师既不走“搬古”，也不走“抄外”的道路。师从柯布西耶的印度建筑师多西学会如何在印度炎热的气候条件下寻求阴影、凉风及以蓝天为背景的建筑轮廓线。他在麻省理工深造后回到印度的柯里亚，以印度南部村落中的庭院民居为原形，研究利于社区交往的“渐进式”住宅综合体，成为发展第三世界高密度、低成本住宅的先驱之一。中国第二代建筑师杨廷宝和路易斯·康是宾夕法尼亚大学建筑系的同窗，然而两人毕业后的执业环境、设计经建筑思想却大相径庭。杨廷宝坚持辩证现实的建筑观，并不恪守美学定式，而是因地制宜，继承“以贫资源建造高文明”的宝贵传统，以表现历史和时代特点。

20 世纪 80 年代后，西方后现代、解构思潮一起涌入，使我国建筑文化的发展陷于混沌之中。面临这样的局面，我国建筑师迫切需要重新唤回建筑师应该具有的民族本位意识，合理定位，重建具有地域特色的建筑体系。事实上，我国已经有一批建筑师正以切实的设计实践对中国建筑何去何从的问题进行解答。一部分先锋设计师融合多种艺术形式，力求从大艺术的哲学美学层面上“体验”建筑。他们在对西方前卫建筑观念、方法与中国因素比较的过程中进行选择性创作，保留与突破共生，借鉴与挑战并存，加快了当代建筑思潮的本土化进程。例如，张永和及其非常建筑工作室对西方解构建筑生成编码进行了替换，选择汉字作为“生成”“叠加”的基本元素，试图以自治的“基本建筑”形态阐释“中国化”建筑观念。另一部分建筑师则从“宏观”的观念艺术走向“微观”的实效创作。

（四）逆向思考

逆向思考是极端发散思维的结果，指有意寻找矛盾对立面、颠倒主客体关系、克服思维流程单一性、突破观念壁垒的否定式创作方法。美国精神病理学家A.卢森堡曾借古罗马一种哭笑脸两面可以相互转化的门神来类比思维概念，因此在创造学领域，逆向思考又被称为“两面神思维”。在设计时，次要的、被动的、隐性的因素如果被重新挖掘考量，加以强化，使其成为显性要素，很可能会使整个体系发生质地改变。初学者常希望“一条道到底”，但在方案进展中，往往会“南墙横亘”或“道路分叉”，此时我们应该退后环顾，大胆质疑，设置不同层次的假设和反问，将思考的关键方向调换。

第二节　建筑设计的流程、手段与方法

一、建筑设计的流程

（一）建筑设计的阶段

1.前期准备工作

建筑师进行建筑方案构思与设计前应做好充分准备，其内容包括以下两部分。

一是充分了解建设单位（业主）对新建工程项目的具体设想和要求。建筑师一般在细致阅读、分析建设单位所提供的工程项目建筑设计任务书表述的内容后，做出笔记或分析图。其分析图包括各种流线分析，不同的使用功能、规模的空间，建筑物理性能不同空间要求的分区分析等。当建筑师发现任务书中

存在疑难问题或是技术上、规范上相矛盾的问题时应及时与建设单位取得沟通，以免建筑方案设计走弯路。

详细了解所在城市规划管理部门所提供的规划条件和图纸。其中图纸内容应标注建设用地范围和建筑红线的地形图；该建设地段与道路关系（包括道路中心线平面尺寸和高程）；地形、地貌、方位和障碍物等。如果该地段已做过城市设计，还需查阅城市设计对该地段建设的一些具体要求和规定，不能忽略城市规划部门有关的要求。

现场踏勘和调研建设场地。细致观察与广泛收集该建设场地自然、人工、人文环境的特点和信息。根据工程项目需要，调研范围可以扩大到四周环境及建筑在城市中的区位关系，乃至整个城市历史文脉和建设风貌，所在城市风向、气温、日照角度、温度、地下水位、抗震设防和防洪等情况，这些都可能成为建筑方案构思与设计的基础素材。

二是建筑师本身应具有基本专业素质及创新能力。基本专业素质是指建筑师应掌握建筑学的专业及基础理论、建筑设计方法和表达方式、建筑综合科学技术、中外建筑史、人文和艺术素养、建筑基本法则和经济知识等，还有通过工程实践所获得的建筑设计经验并熟知国家规范、政策要求等。

建筑设计领域的创造能力包括创造性思维能力和想象的物化能力。这两种能力互相联系、相辅相成，也必然会促使建筑设计呈现出明显的创造性。

（1）创造性思维能力

创造性思维能力包括记忆、逻辑、发散、想象和直觉能力等。记忆能力是创造性思维活动的“库房”，必须具备思维信息储存、提取和运用的条件，建筑师头脑中记忆的相关事务和形象越多，其联想、重组和创新的可能性越大，同时也增强了建筑方案构思中的创造力。逻辑能力在建筑创作中发挥的作用不同于其他艺术创作，它受到方方面面的制约，具有一定的自身原则性和严谨性，因此单靠建筑师直觉和灵感是不够的，需要人们通过理性逻辑分析、矛盾梳理、合理选择和优化处理等环节形成理想的创造性建筑方案。发散能力是通过拓展思路、变换角度和调整方位来提供多种创新渠道和机遇，运用在建筑方案构思过程中可启发出体现整体或局部不同发展方向和成熟渠道的可能性，可能性越多形成创新性建筑方案的概率越大。想象能力具有思维不断重组和整合的功能，在创新思维活动中具有重要意义，它可以调动和激发建筑师的创作潜力，使其不断出现有益的创新思维成果。直觉能力是一种感性观察和主观判断的综合能力，体现了经验积累和主观意识的结合，往往在错综复杂的矛盾中，靠理性无法判断时，直觉能力可以帮助建筑师做出选择。超前洞察力可使建筑师把握本质，探求根本，抓住要点统观全局，其往往也是产生“灵感”的内在因素之一。

（2）想象的物化能力

想象的物化能力是指在建筑方案构思与设计过程中，建筑师可以将想象的物体形象准确、完整的表达出来，手绘草图在这一过程中有着特殊的作用，建筑师将头脑中的想象（立意主题）转化成相对固定、可感知的物体形象（原创图形），形成可以交流和审视的建筑语言，这需要建立在建筑师具备熟练手绘草图表达手段的基础上。

2. 方案设计阶段

为了保证设计质量，避免发生不必要返工，建筑设计应循序渐进、逐步深入、分阶段进行。通常将设计过程划分为若干个阶段：国际上一般分为概念设计、基本设计和详细设计三个阶段；我国的建筑设计过程按工程复杂程度、规模大小及审批要求，一般划分为方案设计、初步设计和施工图设计三个阶段。各阶段的设计文件应符合国家规定的设计深度要求，并注明工程合理的使用年限。

方案设计阶段侧重于建筑内外空间设计和环境空间设计。

其成果图包括总平面图、各层平面图、立面图、剖面图、效果图、预算书、建筑设计说明书。

3. 初步设计阶段

该阶段是在方案设计的基础上进行深入建筑设计，同时进行结构、设备的技术设计。

其成果图包括总平面图、各平面立面剖面图、重要节点详图、结构选型与布置图、材料用料预算书、设备技术图、专业设计说明书。

4. 施工图设计阶段

该阶段在同一扩初设计的基础上进行详细施工图设计，并以此作为施工依据。

其成果图包括总平面图、各平面立面剖面图、各节点详图、施工说明书、结构施工图、施工说明书、设备施工图、设备说明书。

（二）建筑设计文件内容的深度

1. 方案设计文件的内容

依照中华人民共和国住房和城乡建设部文件《城市建筑方案设计文件编制深度规定》，方案设计文件要根据设计任务书进行编制，应包括设计说明书、设计图样、投资估算、效果图四个部分。一些大型或重要的建筑根据需要可加做建筑模型。

2. 初步设计文件的内容

（1）初步设计文件

初步设计文件根据任务书或批准的可行性研究报告进行编制，由设计说明书（包括设计总说明书和各专业说明书）、设计图样、主要设备及材料表、工程概算书四部分组成，其编排顺序是①封面；②扉页；③初步设计文件目录；④设计说明书；⑤设计图样；⑥主要设备及材料表；⑦工程概算书。

在初步设计阶段，各专业人员应对本专业内容的设计方案或重大技术问题的解决方案进行综合技术经济分析，论证技术上的实用性、可靠性和经济上的合理性，并将其主要内容写进本专业初步设计说明书中。同时，设计总负责人应在设计总说明书中对工程项目的总体设计进行论述。

（2）总平面图设计说明书

总平面设计说明书应对整体方案的构思意图做出详尽的文字阐述，并列出技术经济指标表，包括总用地面积、总建筑面积、建筑占地面积、各主要建筑物的名称和高度、建筑容积率、建筑密度、道路及广场铺砌面积、绿地面积、绿地率等。总平面图纸应包括的内容如下所示。

①用地所在区域位置。

②用地红线范围，包括各角点测量坐标值，场地现状标高，地形、地貌，其他现状情况。

③用地周边情况反映：用地外围城市道路，市政工程管线设施，原有建筑物、构筑物，周围拟建建筑，原有古树名木，历史文化遗址。

④总平面布局：功能分区、总体布局、空间组合；道路及广场布置；车流、人流等交通组织，停车位，消防设计，绿化布置。

（3）建筑设计说明书

建筑设计说明书的内容包括以下几个方面。

①设计依据及设计要求：其应包括计划任务书或上级主管部门下达的立项批文、项目的可行性报告批文、合资协议书批文、红线图或土地使用批准文件、城市规划等部门对建筑设计的要求、建设单位签发的设计委托书及使用要求，还有可以作为设计依据的其他有关文件。

②建筑设计的内容和范围：简述建筑地点及其周围环境、交通条件及建筑用地的有关情况，如用地大小和形状，水文地质，供水、供电、供气状况，绿化和朝向等情况。

③方案设计所依据的技术准则：该准则包括建筑类别、防火等级、抗震设防烈度、人防等级和建筑及装修标准等。

④设计构思与方案的特点：它包括功能分区、交通组织、防火设计与安全疏散、自然环境条件和周围环境的利用、日照采光和自然通风、建筑空间处理、立面造型、结构选型等。

⑤垂直交通设施的说明：该说明包括楼梯、自动扶梯和电梯选型、数量和功能划分。

⑥节能措施的必要说明：特殊情况下还要对温度、湿度等进行专门说明。

⑦技术经济指标及参数：它包括总建筑面积和各功能分区的面积、层高和建筑总高度，住宅建筑中还包括户型、户室比、每户的建筑面积和使用面积，旅馆建筑中还包括不同标准的客房房间数、床位数等。

（4）建筑设计图纸

平面表达图纸是建设单位关于建筑使用功能布置的图纸，它用来反映建筑各功能空间的内容及相互关系。平面图的具体内容包括以下几个方面。

①要表达平面的总尺寸，开间，进深尺寸及结构受力体系中的柱网、承重墙位置和尺寸。

②表达各使用功能房间的名称。

③表达各楼层的地面标高、屋面标高。

④表达室内停车库的停车位和行车线路。

⑤底层平面图应标明剖切线位置和编号，并应标示指北针。

⑥必要时，要绘制主要用房的放大平面和室内布置。

⑦表达绘制图纸的名称比例或比例尺。

立面是表达建筑外表空间形态的图纸，平面、剖面使建筑具有了建筑空间形态，而立面使建筑具有了人性化的特征，立面要在建筑构思草图的基础上完成以下工作内容。

①要体现建筑造型的特点，选择绘制一两个有代表的立面；要有关于建筑材质、色彩地表达。

②要表达各主要部位和最高点的标高或主体建筑的总高度。

③当与相邻建筑（或原有建筑）有直接关系时，应绘制相邻或原有建筑的局部立面图。

④表达绘制图纸的名称、比例或比例尺。

剖面是表达建筑空间层次的图纸，平面图在剖面图的引领下使建筑平面具有了空间形态。它应在建筑构思草图的基础上完成以下功能要求。

①要表达高度和层数不同、空间关系比较复杂的部位。

②要表达各层标高及室外地面标高、建筑的总高度。

③建筑若遇有建筑规划的高度控制要求时，还应标明规划控制最高点的标高。

④表达绘制剖面的编号、比例或比例尺。

效果图：效果图可为透视图或鸟瞰图，图纸数量和表现手法视需要而定。

建筑模型：建筑模型根据建设单位的要求制作，或设计部门认为有必要时制作，一般用于大型或复杂工程的方案设计。

初步设计文件的深度应满足以下要求。

①应符合已审定的设计方案。

②能据以确定土地征用范围。

③能据以确定主要设备和材料。

④应提供工程设计概算，作为审批确定投资的依据。

⑤能据以进行施工图设计。

⑥能据以进行施工准备。

3. 施工图设计文件的内容

施工图设计应根据已批准的初步设计进行编制，内容以图样为主，应包括封面、图纸目录、设计说明、图样、工程预算书等。施工图设计文件一般以子项为编排单位，各专业的工程计算书应经校审签字后整理归档。

施工图设计文件的深度应满足以下要求。

①能据以编制施工图预算。

②能据以安排材料、设备订货和非标准设备制作。

③能据以进行施工和安装。

④能据以进行工程验收。

二、建筑设计的手段

建筑设计的手段随着科学技术发展也在不断变化和完善。建筑设计表达手段的基本条件是能及时和准确地表达建筑方案构思内容，方便提供给下一个阶段有关图纸资料，有利于建筑方案构思不断完善直至建筑方案成熟，能与业主和其他专业人员进行沟通等。建筑方案构思与设计表达手段可归纳为以下几种。

（一）手绘草图

1. 徒手草图

徒手草图通常是通过半透明的草图纸（包括硫酸纸和图画纸等）来表达方案构思内容，所使用的绘图工具很广，包括铅笔、碳笔、钢笔、马克笔、油画棒和毛笔等。绘画时可以黑白的单线勾勒，有时为表现立体感还会辅以色彩。其绘画工具选择、表现形式和画面大小等，可根据建筑师自身特长和喜爱、工程项目规模大小与不同设计阶段等具体情况而定。

2. 仪器草图

仪器草图是徒手草图的延续，让创意内容更真实和可靠，但又不丢失徒手草图基本特征。一般选用各种硬头笔作为绘图工具，图纸也可使用半透明和不透明纸张。

（二）计算机绘制草图

随着计算机硬件和软件不断发展，相关计算机绘图软件不断升级和改进，计算机绘图技术正在朝着更为快速、简便和人性化方向发展，但其与方案构思原创阶段表达立意主题所显露的随意性、激情性、瞬时性和及时性尚有一定距离，因此在建筑方案构思设计原创阶段采用徒手草图表达较为适宜，进入调整阶段及成熟阶段可采用计算机绘图手段。

选择计算机绘制建筑动画形式，可以使建筑方案构思与设计表达的手段更为准确、全面和真实，使人产生身临其境的效果，有利于与业主、业外人士沟通。但由于制作复杂、时间长和投入大，一般比较复杂而规模大的工程项目在成熟阶段和成果表达阶段才采用建筑动画形式。

（三）建筑模型

一般在工程项目地形复杂、规模较大和有不同方案构思与设计阶段可采用建筑模型表达手段。建筑模型材料包括橡皮泥、聚塑板、硬纸板、薄木板、有机玻璃板等。其表达手段具有很好的立体感、空间感、尺度感和真实感等特点。建筑模型材料应根据不同建筑方案构思与设计阶段要求和特征进行恰当选择，如在原创阶段可采用橡皮泥，调整阶段可采用聚塑板或硬纸板，成熟阶段可采用有机玻璃板或薄木板，这样才能达到预想效果。

三、建筑设计的方法

（一）平面布局

建筑平面图一般指从上俯瞰建筑物或水平剖切后朝下的水平正投影图，通常指各层平面及屋顶平面图。

任何建筑都有其建设的用地，任何建筑都不可能脱离环境而存在。在进行建筑设计表达时，建筑师都必须绘制建筑总平面图，以表达建筑环境。平面设计图可以使人们充分体会建筑与环境的关系，了解建筑师的创作意图和构思脉络。

建筑所处的环境可分为自然环境和城市人工环境。表达自然环境要着眼于建筑与自然环境的有机联系，自然环境表达往往大而丰富，体现出建筑与自然的和谐共生。对于城市人工环境，设计重点是表述建筑与道路、广场、绿化等人工设施的关系，新老建筑间的有机联系，还有建筑群体组合关系。在表达自然环境时，要有机组合建筑、山、水等要素，有的需要保持原样；有的需要整合改造，以衬托建筑；有的要借助地形、地貌的不规则形状表达地面起伏、曲回，以活跃画面构图气氛，实现建筑与环境的完整统一。要实现建筑与环境的完整统一，应充分运用色彩渲染，通过色彩的颜色变化、饱和度变化、明暗变化，表达地面、水体、绿化、树木、建筑、阴影等要素，使画面艺术而有立体感。

在满足设计深度内容基础上，平面图要关注图面表达的艺术性，着眼建筑室内外环境空间与使用功能表达。表达一层平面图，要涵盖外部环境，要充分重视一层平面在画面构图中的决定性作用，完美表达平面环境能为画面增色。平面表达不仅停留在房间划分、结构体系表述、门窗设置，而且也要关注室内家具陈设、室外庭院空间，还有与室外空间关联的山体、水体、绿化、树木、广场、铺地、小品等要素。平面表达要突出建筑主体内容，线条要有粗细，建筑主体轮廓要加粗，而环境要素往往要用细线给予弱化。平面各部分功能也经常涂以不同的颜色，以提高平面的艺术表现力。平面表达内容，要符合建筑统一的比例、尺度，体现建筑与人的和谐美。

行业内提倡图解思考的方法，用方框图或泡泡图来梳理思维，也就是变个案特殊性为惯常模式，将繁复的表象和活动特征同化、归类。在《建筑设计资料集》中我们可以看到每类建筑都以特定的功能分析图式来反映其共性，然而功能模型或方框图并不是平面图，它只为建筑师提供了功能区块的主次亲疏关系，而具体的平面配置还有待在问题中确定。

设计一个平面，就是明确和固定某些想法。平面图一般应该明示或暗示四个方面的信息：一是功能分区；二是流线组织；三是空间形态；四是造型意象。但是这四者之间不只存在某种唯一的对应关联方式，也就是说同样的功能区划关系可能有不同的流线组织方式，同样的平面图也可能生成多种形态的空间与立体。

1. 考虑建筑环境与用地要素

建筑场地中的地形地貌，周边建筑群体的方位尺度，人行、车行道路等都是影响总平面布局的要素。深化时建筑师应重新审视已有平面配置能否兼顾场地因素，要考虑以下几方面内容。

①考虑对不规则地形的顺应关系。

②如果是分散布局，其占用与围合生成的“负形”环境空间应完整。

③主要出入口与人流车流道路应联系便捷，导向关系应自然。

④优化主要功能的空间朝向。

⑤没有自然采光和通风的“黑房间”。

只有有针对性地解决好这类问题，才能进一步调整平面配置。

2. 考虑建筑体量与空间构成

不断推敲体量穿插与空间构成关系，能反过来促进平面调整。例如，采用几何形体“相加”主导造型，建筑师需及时对已经生成的平面进行检查，检查单体之间咬合得是否合适。采用坡屋顶造型，建筑师则要简单绘制出可能产生的屋顶平面图，还有空间交接关系示意透视图，检验两坡、四坡、歇山等坡屋顶能否按照设想意图合理搭接，是否出现衔接不上、形体怪异或者不利排水等弊病。

3. 细化研究区域及各个要素

建筑的每个区域及要素都需要细化研究，任何小改变都可能引发建筑格局变动。例如，门窗洞口的平面位置及形式不仅直接影响空间围合程度，同时还影响到内部家具的布局形式及采光、通风与景观要素。在组织交通时，应检查平面中是否有房间套穿；尽端走道能否归属于某一房间而扩大使用面积等。在推敲建筑入口时，应检查室内外是否有标高差异，以避免雨水进入；平台、踏步等宽窄是否合宜；是否考虑无障碍坡道等。因此，这也是一个逐步合理化、可实施程度越来越高的过程。

4. 控制及核准建筑面积

平面基本格局一旦确定，就应该进一步根据建筑部位与层高按照规范计算核准面积，不同部位建筑面积计算规定如表 2-1 所示。建筑面积包括使用面积辅助面积及结构面积，一般指建筑物外墙勒脚以上的外围水平面积，多层则为各层面积之总和。

表 2-1　不同部位建筑面积计算规定

建筑部位	按外围结构水平面积或顶部水平投影面积计算	按外围结构水平面积或顶部水平投影面积的一半计算	不算面积
地下室、半地下室	外墙有出入口的地下室、半地下室和商店等以上口外围为准	—	—
利用深层基础作地	设置门窗与抹灰装饰	—	不做地面及装饰，且高小于 2.2 m
利用坡地吊脚作为架空层	有围护结构且层高超过 2.2 m	—	—
雨罩	有柱围合支撑	独立柱支撑	无柱支撑雨罩及其他突出建筑外墙的构件配件、操作平台、安装平台等
阳台	封闭式阳台挑廊	挑阳台或内凹式阳台	—
图书馆书库	有书架层，按书架层计算面积；无书架层，按自然层计算面积	—	—
技术层	层高超过 2.2 m；层高小于 2.2 m，但其中分隔出来用作办公、仓库等用途的房间	—	层高小于 2.2 m

5. 考虑介入结构与设备因素

造价经济、结构难度低及便于施工等是优化可行的建筑方案首要考虑的因素。对于大多数几何直线形态建筑，当建筑师已经按照任务书核准了平面各区域面积时，如果房间大小不一、形式各异的话，就要尽量采用一套“骨骼”，以对原有平面形进行调整，将其纳入规律化、均匀化的结构体系当中。原有不在结构网格轴线上的承重墙体、立柱需重新对位，使建筑具备模数化的开间与进深。另外，为了保证给排水与排污的合理便捷，卫生间应尽量上下对齐，厨房不应位于卫生间正下方。

（二）剖面设计

剖面图是指建筑被与之相交的铅垂面剖切开后的垂直正投影图。有些建筑师在方案深化推敲中，认为剖面图太抽象，没有必要，也没有能力对其进行分析，只在最终环节程式化地选取纵横两个方向剖切空间，并反映在成果图纸中就草率了事。事实上，从草图阶段开始的剖面研究，或能启发构思，或能控制空间形式与尺度的发展，或能检验结构、构造与细部的合理性，是设计进程中不可或缺的平衡码之一。

建筑师在满足设计深度内容的基础上，要关注图面表达的艺术性，剖面图着眼建筑室内外环境空间相互联系的表达，体现出空间的分隔、交流，空间的高低，空间的序列等要素。

剖面的位置选择，要体现出建筑空间的人流展开序列，宜选择建筑入口、建筑楼梯、建筑厅室转换、建筑空间变化等处。建筑师在进行剖面的设计和绘制时，应认真研究内部空间的组织和处理，并进行充分表达。

表述剖面时，要充分体现建筑空间的结构美，如完整表述建筑钢结构、框架结构及承重墙等。表述剖面时，可以表达室内装修、陈设，以求得画面的艺术性，完善设计构思。在剖面图中，剖断线要给予强调，明确空间的范围与周界。

为提高剖面功能空间的尺度感和流动性，建筑师经常绘制剖面透视图以提高艺术表现力。剖面透视图使各功能空间关系一目了然，通过室内陈设、室外环境配置增强了空间的尺度感，这种表现形式令人耳目一新。

1. 推动整体构思

很多大师的设计构思草图，除了有直接透视意象之外，还有粗犷不羁、富有弹性的剖面示意，它们恰到好处地揭示出项目面对的主要矛盾及建筑师巧妙的解决办法。对于坡地建筑，剖面分析不仅能提供形体顺应坡度跌落的思路，以减少土方开挖量，而且还可以利用高差，巧妙安排不同主次出入口，做到人车分流，甚至能启发新异的空间构想。例如，PTW 建筑师事务所设计的澳大利亚悉尼邦德区建筑项目位于高低街区之间，设计师通过剖面分析，将建筑毗邻地势高街道的一面退后并覆顶，自然形成中庭，成为为各层提供通风对流、阳光采集的巨大“L”形“井道”。此时，剖面草图所反映的空间特征控制着设计发展的整体方向。由此可见，对于以垂直方向空间变换作为突破口的设计，往往需要在剖面上花更多心思研究，如部分地下空间、共享中庭、空中花园、过街骑楼及错层夹层空间的设置，只有通过剖面标高配合形态探求，才能找出解释空间的最佳词语。

2. 确立空间纵向形象

剖面分析是触及建筑内部的重要步骤，直接显现出了空间界面的纵向形象。例如，马西米亚诺·弗克萨斯设计的法国里摩日法律与经济学院教学办公综合大楼，新建核心部分由两个巨大不规则的、黏软的、外覆镀锌铝板的球体穿插在垂直玻璃结构内组成。建筑师夸张大胆的造型手法，源于平面与剖面都呈饱满曲线的思考，球体斜曲面正好顺应了内部沿阶梯上升的演讲厅空间，同时也成为立面突变要素。

通过剖面，人们还能对各个空间长、宽、高比例有明确认知，进而确立建筑层高、各空间高差、楼梯级数、坡道坡度及入口、屋顶女儿墙等构件高度。由此可见，剖面也是传达纵向尺度感受的载体。

3. 检查结构构造

随着图纸的深化与比例的放大，很多问题将会逐步暴露，如果建筑师不适时进行剖面推敲，可能会错失纠正的良机。因为在剖面图中，立柱与梁、墙体与楼板之间是直接“碰撞”，能直观提示设计的结构构造是否合理。剖面设计反映出建筑师对空间、结构常识的掌握程度。除此之外，建筑师可利用剖面对建筑物理要求较高的环境进行直观分析。例如，在观演类建筑中，人们除了以视线分析图来检测排座布置与台阶坡度是否合理、有无视线遮挡等弊端之外，还通过声线反射图来研究从声源到空间界面的声音分布是否均匀。同样，利用剖面图来分析诸如日照间距、采光遮阳、风向引导、隔音构造等问题，也更容易找到解决途径。

（三）立面造型

建筑立面图主要反映建筑物的比例尺度、界面形态、材料铺设与色彩关系，还有门窗、雨篷、遮阳等构件细节。立面图是对造型组合深化加工的结果，但并非完全被动的体现，之所以要在体量构成之后再更仔细研究立面，这是因为面也具有相对自主的特征。

立面造型在满足设计深度内容基础上，要关注立面图面表达的艺术性，因此要表达建筑以下几个方面的特征。

①表达建筑的凸凹层次变化，展现建筑的界面和层次。

②表达建筑的光影变幻，展现建筑的体积。

③表达建筑的虚实变化，体现建筑的主次关系，使画面有重点。

④表达建筑饰面的色彩与质感，使建筑生动、形象、逼真。

⑤表达建筑总体与各部分之间的清晰建筑轮廓，重点部位要给予加粗强调。

⑥要表述建筑的环境要素，如天空、绿化树木、人物、车辆、小品等，丰富建筑画面，体现建筑与环境的联系。有时为表达建筑水面环境，建筑师经常绘制水面倒影以表达水面波光，增强建筑的灵动性；有时将地面绘制成透视效果，以增强建筑的景深感，丰富建筑画面。

1. 考虑比例与尺度

（1）比例

如果将音乐视为几何学的声音化，建筑则是将数学转化为空间单位的艺术。比例这一概念通常分为两类，一类基于数比，另一类缘于感性，可以直观把握。

基于严格数字关系的比例：这类比例是指局部与局部、局部与整体，或某一个体与另一个体之间的数值、数量或程度上的“数的和谐”关系。最常见的连续比例数列是算术数列（等差数列）和几何数列（等比数列）。建筑师将这种数字比例关系运用到空间或立面上，总结出了一些兼具美感和理性关系的图形划分与组合定式。他们利用等量或和谐数列关系来推导平面、确定立面体量及门窗洞口的高宽比例，找出等同或相似关系，绘制出规律控制线，这是建筑用以增强其数理逻辑的思路与先导因素之一，但它并非处理立面所恪守的机械“处方”。

可直观把握的比例：并非所有具备良好视觉感受的比例都基于严密的数字关系，人们更不能寄希望于它能带来近乎神秘的绝对完美。更多时候建筑师还是以直观把握比例感觉为主，将各部分配置出均衡的形式美感。

（2）尺度

与比例一样，尺度也是数量之间的比较衡量关系，但比例强调数的和谐的绝对性，而尺度则偏重量化的相对感受。在形状、大小都相同的两个建筑立面图上，如果画有不同尺寸、不同行数的窗洞，建筑师很容易根据窗洞行数来直观判断建筑层数，并进一步推断建筑总高。由此可见，参照单元不同，就可能引起完全不同的尺度判别。在很多建筑立面上，既可找到与人体相匹配的一套尺度体系，同时还可读出关乎整个城市的另一套尺度。如高大的雨篷之下还设计了尺度宜人的入口与细致的门扇，既兼顾建筑整体性，又考虑到与人近距离接触贴和部位的亲和力与使用便捷性；又如在建筑外部楼梯栏板扶手处理上，为了不致立面显得太过纤细，就需刻意扩大尺度或采用厚重材料来强调块面感。

根据尺度大小可将尺度分为亲密尺度、一般尺度、纪念性尺度、巨大尺度。前两者可满足普通社交需要；后两者则指远远超出普通视知觉观察范围，甚至如同浩渺苍穹般的距离感。具有亲切感的体量、要素及纹样，其尺度在人的心理空间中具有确定范式。如果改变比例或等比例地放大、缩小，都会产生非同寻常的感受。例如，纪念性建筑中超高、广阔的空间与人的关系就疏远陌生，这样才利于显示其主率性的震撼力量。

建筑空间为人使用，人自然成为建筑空间的基本标尺，即人体为建筑空间提供了最为基本的尺度参照。即便不同个体的人的身体尺寸存在差异，建筑师依然可以依据一个大致的标准去度量空间尺度是否合理。柯布西耶在对建筑空间尺度进行研究的时候，便以一个虚拟的“尺度人”为依据。“尺度人”进行一系列动作所体现出的身体形态及相应尺寸，成为建筑师重要的设计依据。例如，公共楼梯的梯段宽度应满足两个人对向行走的宽度要求，则设计时可以估算其最小净宽度应为两个人的肩宽，至少为 1.1 m；厨房灶台的高度一般为 0.75 m 左右，人们切菜、烹调都会感觉比较舒适，这与人们站立时身体略微前倾的人体尺寸数据有关。以“尺度人”为参照，建筑师可以获取最为紧凑的建筑空间尺寸，然而这一尺寸未必是舒适或安全的，“尺度人”或者说人体尺度的意义在于它为建筑师提供了一个基础数值。

建筑的使用者往往不局限于单个人，也许是一个家庭或是为公众服务，在考虑空间尺度的时候建筑师需要分析使用者的数量、频率和性质，并以人体尺度为计算基础来获取恰当的空间尺度。在建筑空间中，很多空间的尺度并非直接由人的身体来决定的，但其目的都是为了满足特定功能的要求。例如，体育场馆空间普遍较高，羽毛球场地的净高要达到 9 m 才能满足羽毛球比赛的空间高度要求。

对空间尺度产生影响的因素不仅仅是人体的几何尺寸，在明确的实用性需求以外，具体空间尺度还与人的心理需求有关。一般而言，较为接近人体尺度的空间比较亲切，更大的空间尺度则显得公共、正式。面对亲切的家人、熟悉的同事或是陌生人，人们会对自己和他人之间的距离加以调节，这种距离调节是普遍且无意识的。建筑空间则要为这种调节提供可能，于是空间尺度往往较最为紧凑的空间需求（人体尺度）被有所放大，以满足人们的心理需求，即符合“礼仪”的人和人之间的空间距离。

2. 考虑变化与统一

在建筑设计中，立面变化是必然的，因为功能、空间和造型的复杂性及多重要素的复合叠加、协调兼顾，最终生成的体量组合本身已经存在方向、形状曲直上的对比，再加上立面虚实凹凸、光影材质、门窗细节等各方面的不同，必定会造就充满变化的立面。问题在于人们如何将这些变化的要素统一在同一建筑中而不至于因为凌乱繁复的特征伤害建筑的完整性，造成可供视线捕捉和心理描述的整体参数缺失。统一并不意味着整齐划一，也不排斥建筑对趣味性的追求，基于变化基础上的统一，其目的是为建立一种动态秩序感。

（1）变化

对比变化：对比是一种强烈的突变，即要素之间质、量、性的差距很悬殊，会造成醒目刺激。例如，在旧建筑改造及加建项目中，古典建筑外墙采用厚实的石材铺设、简洁大气，而新建的玻璃墙面与旧有体量直接交接、光洁闪烁，构件细部也精致到位、细腻完美，这种明显的个性反差表明了新旧建筑针对不同时代的不同态度。

微差变化：微差是一种要素之间的细微变化，它有一定的量化限度，即视觉上能够辨别判断的差别，而不是通过仪器才能测量到的、十分细微的物理变化。与对比的跳跃性特征相比，微差以细腻而有节制的改变带来视觉层次上的自然过渡。利用微差可以有效的补充和矫正视错觉带来的局限性。一组要素有规律的渐变是一种特殊的微差。当要素达到足够数量，就会因相同特征的重复而带来秩序美感。例如，法国建筑工作室设计的巴黎库瓦赛大学生住宅，弧形墙面折线状外凸窗户的厚度渐次增加，在形成如等差数列般节律的同时，也巧妙的转变了窗户的朝向。

（2）统一

造型艺术依靠形状、尺度、方向、光影、色彩与材质等各要素传达综合意象，同时也需要保持其间的多角度平衡。形态表达离不开光影互动，均质泛照使造型缺少影调，改变投射方向与亮度才能显现立体层次。质感与光线也互为牵制，直射光线能增强粗糙凹凸的质感，但过强光照下的表面如同曝光过度的相片，色彩被冲淡，细部肌理也被明显削弱。不同材质也会影响光线的反射与分布，粗糙表面因均匀柔和的漫反射而不易使人产生视觉疲劳；而光洁材质处理不当就会造成镜面反射，致使强光方向集中，直接落入人眼，使人产生眩光。

在这诸多要素中，建筑师必须厘清其在立面造型中所处的主从地位，在强调其中某一组矛盾、并使其成为压倒性因素的同时，就势必弱化另几组关系，视之为次要矛盾，这样才能突出主题，使多重关系在控制下分层级发挥效力，形成统一秩序。例如，在麦耶的白色派建筑中，人们之所以能感受到形体与曼妙光影的完美“表演”，就是因为在作为主角的形态要素背后，有单纯的白色

"布景"。建筑师将色彩和质感对比关系都减弱到极点，以突出动人的光影。而 Alsop 建筑师事务所设计的位于德国杜塞尔多夫的办公楼是建构"媒体港口"的工程之一，建筑没有起伏的形体变化，取而代之的是由 17 种不同形式玻璃组成的彩色表皮，如同一幅由无数张蒙得里安绘画作品拼贴而成的平面构成，彩色部分不仅遮蔽了结构框架，同时使观者能从建筑外立面迅速提携出风格派特征，增强了其标志性意义。

初学者常担心立面缺乏变化，希望在一个建筑上竭尽所能、将各种形态以不同手法同时呈现，结果造成立面太"碎"。这时，就需要采用一种基本形式和组织规则来统一立面，即母题重现的手法，它可以是某类形体，也可以是一种符号，其特征应尽可能单纯。以完全相同的形态元素来控制立面就很容易获取统一的母题印象。例如，VVA 建筑师事务所设计的德国柏林北欧诸国使馆区内的芬兰大使馆，平面为具有斜角与弧形的不规则形，建筑一面抵接高 15 m 的使馆区铜质弧墙，其余三个透明玻璃立面完全被同一规格、精致细密的金属框架和落叶松木百叶单元连续包绕遮盖。白天，使用者根据进光量的舒适程度调节百叶片的启闭与转动方向；到了夜晚，灯照则透过格栅向外传递匀质的光。该建筑统一采用"线"构成手法的立面形象，表露出其轻盈内敛的气质，使不同转动方向的百叶窗扇成为纯粹背景中活跃的点缀。

除了相同单元匀质分布之外，以相似的方式组织、建构相似形态也同样能产生系列感。例如，史蒂文·埃瑞奇设计的位于美国加利福尼亚州布伦特伍德的舒尔曼住宅，其立面采用木框架与遮阳板穿插构成的形式及水平等距的横窗，以特征重现来强化统一感受。

保持立面的连续性。对于建筑，人们是在持续欣赏与体验过程中了解全局的，人们所观察到的无数视觉片段应该具备潜在的关联，并能通过大脑重新整合、概括出其同一性，最终才能得到整体印象。

3. 注重界面交接

建筑师总是在长期实践中不断筛选、优化出具有典型意义的语言。对界面转折搭接部位的控制，正是转译设计构想的代码之一，它也为创作者提供了一个重要视点。密斯擅长以精细的构件直接相交来强调转折处的硬朗线条，棱角分明的角部体现出了几何完形的严谨与稳态。相反，分离交错、穿插咬合的角部，则是建筑开放形态体系在细部上的贯彻。霍尔就偏好同一材质的构件以非对称形态"抹"过转角，在连续的节奏中又显得模棱两可。当他设计透明角窗时，分布于两个相交立面上的部分具有不同比例和窗框分割方式，形成了含混的片段印象。

建筑转角与结构逻辑直接相关，如砌体结构要求大面积、有一定间距限定的墙体来承重，转角处因刚度直接影响整体性而较封闭完整，以满足构造上抵抗水平应力的需要。框架结构中承重与围护构件分离，为角部造型提供了更宽泛的自由度。先进的工艺、技术水平及材料的拓展推动了建筑师聚焦于节点，以对细部层次进行深入表达。高技术建筑作品中精致的转角是成熟构造工艺的自然流露，而非设计师刻意而为。特定的界面交接方式也能突显材料特征，如用金属曲面柔和地转折至另一界面，就可以恰到好处地体现出其良好的延展质地。

用砖石建造房屋，砖石墙体既是建筑的结构支撑，也是建筑的外墙。为保证建筑稳固，墙体上不能随意开窗开门，使得建筑的“内”“外”区分明确。用木材建造房屋，木柱、木梁就构成了建筑的主要结构框架，建筑主要的围护并无结构目的，有或无均不会影响建筑的稳固，建筑外界面的开敞或封闭相对自由。通过简单的对比可见，建筑的技术手段对建筑“内”“外”关系的影响巨大。例如，柯布西耶于1914年构思的“多米诺系统”，用钢筋混凝土柱承重，取消了承重墙，基于此，建筑的内外墙体处理可以更加自由，为建筑“内”“外”空间的交融提供了可能。

事实上，建筑的“内”和“外”之间并非总是对立的关系。建筑的内部空间需要来自建筑外部自然的通风和光照。在人类尚不能通过电灯采光、空调通风的时代，建筑的尺度往往与自然通风、采光等因素有关，这在居住建筑中体现得尤为明显。就现代的建筑技术而言，用电灯解决照明，以机械通风提供清新空气并不困难，然而，人们却难以抑制向窗外瞭望的渴望，人们不能忍受久居于一个没有窗的房间，如咖啡厅临街靠窗的座位往往最早坐满。由此可见，建筑之“外”对于人们绝非自然通风、采光这么简单。打破空间“内”和“外”对立的动力既来自人们对自然的审美渴望，也来自人类强烈的社会属性——一种与他人交往并形成共同体的期望。

4. 反映表皮与内体的关联

事实上，古典建筑有严格的主次立面划分及精确的、可重复的固定比例范式。它们大都采用附着形式，将传达社会信息的雕塑、绘画、字体等添加到建筑表面，以加强其易读性。而现代派建筑第一次使其外观被生产逻辑主导下的覆层所简化，立面的方向性也被削弱。但其在去除装饰的同时，也几乎丧失了表皮独立表现自身和传达意义的机会。

表皮可“腾空”在内体外侧，有其自身的层次、深度、空间，也可匀质开放，走向超透明甚至消失。例如，伊东丰雄的“透层化建筑”就是采用透明或半透明的表皮、对光线与景象进行昼夜不同反射，颠覆了建筑固有的凝固性和恒定性，使表皮掺入海市蜃楼般的虚幻特质，令空间拥有瞬息万变的灵活性。

表皮也可用遮挡或“伪装”手段隐藏内体。例如，米格德尔设计的墨西哥城拉斯弗洛雷斯公司办公楼，百叶立面表层上，以照明塑造的蓝色影调人形图案使高大建筑物产生漂浮的幻象，又以装饰手法弱化、掩饰了玻璃与百叶系统对日照进行控制的高技术形象。再如，赫尔佐格和德梅隆设计的英国伦敦拉班中心是一个包括舞蹈、研究、图书、演讲、会议等综合功能的公共建筑，凭借与伦敦艺术家迈克尔·克雷格的成功合作，建筑师在透明或半透明的玻璃外侧嵌装了彩色透明的聚碳酸酯面板，它如同一层会表演的外壳，随天空变化和内部舞动的身影而会显现出曼妙细微的变化。

在很多不规则、连续流动的空间形态中，正立面、侧立面、顶面等都融合为一张巨大的“表皮”，有的甚至顺应连续的骨骼“渗入”肌体，被吞噬其中。流动性不仅模糊了界限，而且柔化了建筑构件之间的联系，甚至使人难以察觉其间的过渡与转换。例如，远藤秀平设计的位于日本兵库县一座山林公园中的公共厕所被他表述为“弹性设施”，它以钢骨架支撑错缝铆固拼接的压型波纹金属板，形成螺旋翻卷的自然动态，以创造封闭与开放、内部与外部交替并存的空间模式，在形态被“雕塑”的同时，空间被划分为门卫及男女厕所三个独立的区域，但外观却没有清晰界定的入口。此时，“立面”的概念就被拓展了，其定义不局限在以方位朝向确定的、相对独立的正投影，而更注重其整体覆盖性。

5. 入口的特殊处理

如果将宿舍理解为一个容器，宿舍寝室的窗和门都可以理解为六面体边界上的洞口，以联系内外。此时，这一“内”空间便不再独自存在。事实上，这也是建筑空间必然的存在方式：始终与其他的建筑空间或者外部空间相联系。通过窗，自然光照进房间，新鲜的空气随风而入；而门则更多意味着是人们进出空间的阀口。故此，建筑师可以将空间界面上的洞口从其功能目的加以归纳，即采光、通风和通透等。空间边界的某个洞口或承载某一特定功能，或同时满足多种功能要求，比如有的窗户能够开启，能满足通风要求，有的窗户则不能，仅以采光为目的。同样，这些洞口也多可通过简单方法加以调节、改变，如为窗户安装窗帘。

对于人类而言，感知空间大多基于视觉，而光是视觉的基础。故此，有人将建筑艺术描述为空间中光的艺术。相比较而言，建筑师对自然光偏爱有加，这多是因为自然光随着时间、季节而变换，凸显了建筑空间的魅力。

一般建筑入口有主辅之分，入口的位置除了从周围环境与道路因素考虑通行便捷之外，还需要从立面构图与视觉分量上加以考虑。

从造型角度来看，入口是建筑方位主次的重要标识；建筑师也通常将建筑主入口所处立面或面临城市主要道路的立面称为“主立面”。入口的虚实、凹凸处理显示出建筑物的不同态度，内凹入口呈谦虚内敛的姿态，像怀抱一样欢迎进入的人群，而外凸入口则以直白的语气告知到访者将要穿过的界面与空间的显赫地位，在立面层次上明显优于其他部位，与界面平齐的入口虽然没有非常强烈的表现欲，但却能保证其与四周界面的连续完整性。建筑往往结合地形，利用坡道或踏步作为引导并采用与建筑主体造型手法一致的入口，仿佛是墙面与结构的自然顺延，而采用急剧变化风格的入口，则希望以对比的要素特征，使视觉冲击力积聚到最大。

从空间感受来看，入口是分界内外的场所和人流出入的“灰空间”，它绝非“墙面开门洞”那样只是用作交通用途，而是有着非比寻常的心理隐含意义，通过这个临界点，人就从外（内）部领域进入内（外）部领域。有的入口通过尺度的缩减或扩大形成空间停顿，有的以墙面作为指引导向，有的采用新材料和自动控制技术在入口处产生趣味。由此可见，入口为整个空间序列奠定了情绪基调。

从功能意义来看，大多数入口均具备迎候送别、休息停留、整装理容、挡风避雨、夜间照明、支撑招牌等功能。因此，入口设计包括踏步、坡道、平台、雨篷、廊柱、门及相应的环境设施与景观设计。例如，德国布莱梅港移民历史博物馆在入口一侧角部用百叶隔挡围合为“L”形，并在内部悬挂镂空的金属地球仪，既强调标识性与装饰感，又暗示其地理学意义，其也为下方休闲咖啡区域提供了遮挡。

6. 多功能复合构件处理

在建筑立面处理上，有出于装饰语言的表述，也有功能性的传达。立面上常见的功能性构件除了入口及相关组成部分之外，还包括阳台、屋顶女儿墙或栏杆、遮阳百叶、太阳能光电板及其他能量采集或存储构件。随着生态节能需求的发展，这些构件逐渐突破只起单一围合或遮蔽作用的传统构件的功能局限，开始逐渐兼备复合功能。

这些构件与构造技术完美结合，产生了新的造型逻辑，并成为建筑界面中显著的标识符号。例如，太阳能光电板可以置入倾斜的屋面或阳台面板中，使太阳能转换为热能、电能和可控光能。德鲁根·梅思尔设计的位于奥地利维也纳的“城市 Lofts”，能提供生活与工作为一体的多元功能，其南立面采用迂回带状光电板单元作为阳台栏板，与其他立面上连续分布的内凹窗或阳台形式相呼应。

总之，设计需要正确的思考方法，在创意过程中，人们应该避免一些走弯路的不明智之举。错误的思考方法如下。

首先，缺乏空间思维，无论平面或立面，始终都以图形化的思维角度去考虑，只专注线面构成是否比例优美、均衡，是否曲直对照，或者简单模仿某种具体物象等，这样只会导致三维空间艺术变为相互分离的二维平面形式及其简单叠合。

其次，缺乏平行同步思维，要么只关心功能，要么只追求浮华造作的形式，要么只盲目担忧结构、构造是否可行等，忽视了方案发展进程中矛盾要素的整体互动性与变化性。事实上，从灵感闪现到第一次草图乃至最终定稿，每个阶段都应该平、立、剖面设计交错进行。一旦发现某个环节上存在尚需解决的问题，就应及时调整。如果只是片面研究某一要素或图式，将原本连续的设计过程割裂肢解，等矛盾累积到一定程度时就很难继续，浪费时间和精力形成挫败情绪。

最后，缺乏对形式美的基本判断，一些初学者可能在一知半解的情况下采用非建筑手法或者过多尝试光怪陆离的造型手法。事实正好相反，初学者应该更加重视形式美的基础法则与扎实造型手段的训练，不应认为“多元”就是毫无关联的矛盾并置，也不应忽视视觉伦理，这样只会在随波逐流的过程中丧失自主审美意识。

第三章　空间视角下的建筑设计

空间在任何位置和任何方向上都是等价的，自由和不确定是空间的特质。广义的空间不仅指向建筑领域，其他艺术形式也可以形成空间，如舞者通过舞蹈所控制的领域、音乐产生的声场、文学艺术所带来的想象余地等都属于空间的范畴。本章将对建筑设计的空间概念、建筑设计的空间处理及建筑空间利用与设计进行分析。

第一节　建筑设计的空间概念

一、与空间概念有关的要素

空间、物质和时间在建筑里纠缠集结，共同影响着建筑体验行为。在对空间概念的理解和运用上，我们一方面以三维空间为基础，研究其构成的方法；另一方面以知觉心理学为基础，关注空间在情感上的可接受性。

（一）空间与时间

建筑中能被人感知的空间是因内部元素、界面围合或物体介入而被限定出来的领域，比如一块空地，我们可能感觉难以描述，但当在空地上插上一面旗帜时，就表明该区域被占领；当空地上出现一棵大树时，自然给人以心理依靠，甚至附加了一些简单的功能——遮阳、避雨等；如果地面上有一级台阶，则意味着不同区域的划分。

建筑空间有内外之分，但是在特定的条件下，室内外空间的界限似乎又不是泾渭分明的。例如，四面敞开的亭子、透空的廊子、处于雨篷覆盖下的空间等，究竟是内部空间还是外部空间呢？这类建筑似乎不能用简单的方法给予明确、肯定的界定。人们常常用有无屋顶作为区分内外部空间的标志。日本建筑师芦原义信在《外部空间设计》中也是用这种方法来区分内外部空间的。

空间与时间有关。从现代派开始，建筑就被认为是“三维”+“时间”的“四维”

空间。一方面，任何空间都有“生命周期”——建筑清晰的空间结构和秩序支撑其在一定的时间内保持固有特征和价值，但并不意味着一成不变。随着时间推移和社会发展，原来的城市、建筑空间所提供的功能不再能满足现时的需要，建筑的价值也已经减小，空间的物质载体即结构技术也有寿命期限。尤其是在当前出现能源危机的情况下，我们不得不为建筑空间在以后数年内的可持续发展留有余地。另一方面，空间是在时间推移的过程中逐步呈现出来的，值得回味的空间不仅仅是帧帧定格的图像，也包括不间断的感知与体验。当我们打开一扇门、踩上台阶时，整个身体呈一定姿态而戏剧性地穿过界面，进入内部……空间鼓励我们以身体语言与之交往，时间这个无声的第四维度要素始终贯穿首尾，让我们意识到自身的位移。营造空间时，我们既需要以明确的印象带给感官“长时间”的持久性与稳定性，也需要在游走当中发现“短时间”的跳跃性变化，制造不期而遇的结果。

（二）空间与体验

建筑的某些质量是无法用图画或照片来描述的，那就是“坠入”空间内部的经历、视觉和非视觉的动态体验及心理状况，它可能唤起期待，可能与某种记忆相对比，也可能与光线、声音、气息等形成一种混合感受。不同的建筑有不同的感觉特征，除了通常流行的视觉建筑学外，还应该有一种肌肤的、触觉的建筑学，一种重新认识听觉、嗅觉和味觉的建筑学。这表明，“空间感”实际上是一种依靠多重要素共同描述的复合体验。

（三）空间与场所

我们经常把“场所”与“空间”相提并论，事实上场所更倾向于内聚与停顿，而空间本质上却是开放和游离的，通过设计操作将其组织起来，就成为一种具有联想、充满气氛，联系过去、现在与将来的特殊领地。因此，在建筑中，空间与场所是唇齿相依的关系。

（四）空间中的“图”与“底”

在城市规划平面图中，人们往往更留意高于地面的建筑实体，如果将被这些实体占据分割后剩余的部分用颜色标示出来，就能让人感受到与建筑贴合的道路、广场、空地的形状，成为浮于上层的“图”，建筑实体反而弱化、虚化为“底”。“图”与“底”相互咬合、互留印记，并且能够相互转化。

妹岛和世在城市住宅研究中，在假定的一块面积约为 10 150 m^2 的长方形标准地块上考虑了五种示范方案。其中，“多层蛇形楼式住宅”与“低层独立式花园住宅”就如同虚实颠倒的两种图样。

如果我们将空间视为正形，就能像塑造实体一样，在限定与分割的同时，利用组织与引导的手段去积极“制造”空间，而不仅仅是被动地“留出”空间。

二、空间的结构要素

（一）空间的边界——垂直性和领域感

空间的边界具有垂直性，不单指竖直的墙，各形各色的边界都有垂直阻隔的作用。甚至平面上的质地变化和线条也都有垂直阻隔的意味，如地上的停车线。边界的垂直性反映的是空间的领域感，要获得良好的领域感，无论空间大小都需有明确的空间边界并归特定的空间主体所有。其主体可以是人，也可以是规模不同的群体。规划设计的建筑空间，不同的层次需要各自的边界，边界清晰自然会有归属感和内聚力。

（二）空间边界上的节点——连续性和封闭性

连续性和封闭性是空间边界的两个重要性质，建筑空间层次间的连续性节点可沟通内外两个领域，如可开闭的门窗、吊桥及悬梯之类的建筑设备，这些节点都可处于关闭或开放的状态。交通工具和门也可以沟通两个空间领域。空间边界构成领域、节点形成层次，这是建筑空间的基本理论。

（三）空间中心的含义及其实体性和场所性

建筑空间的实体性是人从外部进行体验的，空间环境中的实体是人的观察对象，这个对象也就是中心。如果空间中的实体多而混杂，就会让人辨别不出中心的存在，即缺乏场所感。因此，空间中心总是环境中较突出的或与周围明显不同的部分，既有实体性的，也有空间性的。一个环境缺乏边界就会缺乏领域感，同样，缺乏中心也会缺乏场所感。在建筑空间边界向内会生成中心，中心向外会生成边界。空间中心的存在表现了聚落或群体空间的场所性，明确了其属性和统领作用。

（四）空间结构——整体性和同构性

空间结构概念包括人与环境要素这一对认知关系，人对各种要素逐一认识之后，罗织在一起便可能形成较完整的整体印象，形成结构关系，如“路径”或“道路”可视为联系各要素的结构。建筑空间的要素、中心和边界构成了一个最简单的整体结构关系。人们可以把存在空间的要素归纳为中心—场所、方向—路线、区域—领域，并将这些要素的特征赋予地理、景观、城市、建筑实体的围合等各个层次。

（五）空间的结构秩序与空间的层次性

所有人对建筑空间的认知感觉均由空间的层次决定，当人们在有对比的建筑空间之中散步就会产生空间的层次感，当人们走进迷宫时也有这种感觉。人们对空间层次的秩序感的观察是在大脑中的反映，而非只凭眼睛所见，组织空间的层次与秩序隐于某种含义之中，建筑设计即建筑师的情感表达。建筑图中秩序的路线和方向是两度空间的表现，而现实生活中的空间感觉是三度空间的。把物体举上去或悬吊在空中，就形成了结构空间。

私密空间为行人较少而相对封闭的小空间，如凹入式座位、花架、树荫形成的小空间，空间的层次划分控制了人们实用上和心理上的接近程度。例如，入口是建筑的基本元素之一，入口是组成建筑空间序列的起始环节，也是内外空间序列的交接点。建筑从入口的标志性起点开始，到达建筑内部的活动中心，要组成若干个空间，或由室外和室内空间交替组成，其开合变化构成了入口的空间序列。北京故宫主轴线是依靠一系列贯穿的单体门来实现的，各种不同形式的封闭空间，由窄到宽、由低到高、由小到大。

建筑入口空间布置能起控制全局的作用，各种流线的组织都从属于入口的安排，入口布置得当，则建筑的内部流线就自然而通畅，入口要明显易见，兼顾室内外各种流线。通常入口的方向要明确，同时入口的位置与外形需要加以强调，使之引人注目。在建筑艺术处理中，有许多突出入口的办法，如在建筑装修上强调入口的特征，运用围墙、前廊、雨棚、门楼、门道等建筑空间要素加强入口的标志。各式各样的入口处理办法，均以达到区别环境和醒目易见为目的。

三、空间的限定

（一）产生

空间天生是不定型的，是连续不断的，只有开始被形式要素捕获时，才能逐渐被围合，被塑造。空间可以被理解为是从点这个要素开始的，通过线—面—体连续位移，最终产生三维空间。比如，一根立柱能建立以“点”聚焦的向心空间；两根立柱之间则有明显的线性流动感受；如果再在其上加上横梁，就具有“门”的意义，暗示跨越到不同领域；连续排列的立柱已经具有线要素限定的面的特性；墙面则是更封闭的垂直界定，墙面能与其他界面配合将空间围合起来，进而限定其视觉特征和体积。

（二）围合

单独的界面只能作为空间的一个边缘，面与面之间或具有面的特性的形式要素之间，因位置与关联方式不同能让人产生不同的围合感受。例如，平行面能限定空间的流动方向，它们有的表现为走廊，有的构成了承重墙体系；L形面在转角处沿对角线向外划定了一个空间范围，越靠近内角的地方越内向，沿两翼逐步外向，又因其端头开敞，因此很容易与其他要素灵活结合；U形面有吸纳入内的趋势，同时因开敞端具有特殊地位而容易在此处产生领域焦点；四壁围合，有地面，有顶面是典型的强势限定，这种封闭、内向的房子随处可见。

围合程度体现出建筑师对空间本质顺应或限定的不同态度，它与要素造型、界面关联及门窗洞口的方式有关。一方面，有的功能需要明确的界限，以确保安全、私密，同时满足保温、隔热、隔声等建筑物理要求；另一方面，我们也应当尊重空间自由、开放的倾向，使建筑不至于成为构思贫瘠的住人机器。

（三）形态控制

空间形态不仅具有数学与几何特征，同时也承载着心理指向及其他不同的意义。穹顶覆盖的圆形空间封闭、完整，有利于表现纪念性或集权，但是这种绝对对称的形式，从中心至外围，每条射线方向上的“压强”完全一致，人行走于其中，方向性的同化就成了其缺憾，因此需要从其他因素上加以区别，这样才能避免处处等同而无节奏。三角形因“角”的出现显示出了冲撞与刺激，但在锐角空间处常常给人以逼迫感。自由曲线是舒展的形态，也有引导视线的优势，但因曲率不同而代表不同情绪，因感性、多变而难以控制，同时也难以与其他几何要素如家具等配合。矩形直角空间安定、平和，也是最容易与内部其他要素协调，且在空间与结构上最具有经济性的基本造型。

空间形态的比例、尺度也受色彩和肌理等因素的影响，如深色顶棚、粗糙的界面肌理会使房间显得低矮，而浅色顶棚、光滑的界面肌理则有适当的扩张效果。

第二节　建筑设计的空间处理

一、单一空间处理

（一）尺度和体量

室内空间的尺度感应与房间的功能性质相一致。过大的居室空间很难让人产生宁静、亲切的氛围。居室空间只要保证功能合理，就能获得恰当的尺度感。一般的公共建筑只需根据其功能使用要求来确定空间大小，就能获得恰当的尺度感，既不会让人感到压抑，也不会让人感到空旷。

建筑师设计室内空间时，应注意尺度的低矮。空间尺度恰当，给人的感受是亲切，但是空间尺度过低，给人的感受则是压抑；相反，空间尺度较高，显得高耸，过高则显得空旷、不亲切。另外，在高度尺寸不变的情况下，面积越大的空间产生压抑感越强，因而地面、顶棚的面积和房间的高度应保持一个恰当的比例，这个比例将影响室内空间的亲和感，比例不适当会使人感觉建筑过于低矮或高耸。

室内空间的体量大小主要是根据房间的功能使用要求来确定的，但是某些特殊类型的建筑，如教堂、纪念堂等，为了营造宏伟、博大及神秘的气氛，室内空间的体量往往可以大大超出功能使用的要求。

（二）通透和围合

室内空间是围合还是通透，将会影响到人的感受、情绪。围合的空间给人以封闭、阻塞、静止、沉闷的感受；通透的空间给人以开敞、流动和明快的感受。因此，大多数建筑应该既有围，又有透。通透和围合在空间中是相辅相成的，只透不围没有空间的界限，让人仿佛置身室外，只围不透会让人感到闭塞。

建筑师在设计时，要注意空间的围透，围透应和房间的功能性质与结构形式相适应，应与朝向结合，与室外环境结合，与引导人的视线方向的结构结合。西方古典建筑，由于采用砖石结构，开窗面积受到严格限制，特别是宗教建筑，因此形成了封闭、神秘的气氛。我国古代传统建筑，由于采用木构架，开窗较为灵活，甚至几乎四面透空。

围与透的处理与朝向的关系十分密切，朝向好的一面尽量争取透，可以大面积开窗，其余面可用实墙围合，使建筑像花朵一样开向阳光。处理围与透的关系还应考虑周围环境，凡是面对环境好的方向应取通透，面对环境不好的一面应取围合。透空的部分可以实现视线穿透，从而吸引人的注意力，恰当处理通透和围合可以将人的注意力阻挡或吸引到某个确定的方向。

（三）比例和形状

最常见的室内空间是长方体，能产生多种空间变化。空间的形状是由长、宽和高三个比例关系决定的。不同的比例关系，给人不同的空间感受。一个高而窄的空间，会给人向上的感觉，让人产生积极、兴奋、崇高、自豪的情绪。例如，教堂中高而窄的空间就是利用形状特征，给人超越一切的精神力量，让人向上去追求另外的境界。空间越细长，越容易让人产生深远的感觉，引人入胜。

不同的形状空间会让人产生不同的感受。建筑师在确定空间形状时，应综合考虑空间的功能使用要求和精神感受要求，让空间既适用，又能按照一定的设计意图给人特定的空间感受。

按照形状可以将空间分为规则与不规则两类。规则空间给人的感受是严肃、隆重；不规则空间给人的感受是活泼、开敞和轻松等。由此可见，空间会因为形状不同而给人以不同的感受。穹窿形状的空间给人以向心、内聚、收敛的感觉；反之，则给人以离心、扩散和延伸的感觉。

点是一种具有空间位置的视觉单位，它在理论上没有方位、没有长宽高，是静态的，但实际上却是具有绝对面积和体积的，这完全取决于它与周围环境的相对关系。一方面，点可以作为贯通空间的节点，建筑空间中的多个点产生节奏性运动时就构成了建筑空间序列的节点，点的连续运动在一定程度上起到了引导流程的作用；另一方面，点可以作为空间中聚焦和造境的手段，构成点的可见材料、形式和色彩等会强化点给人的心理感受，使之成为视觉的焦点，而点的组织方式也有创造情境的作用，有规律排布的点，给人一种秩序井然的感觉，反之则有活泼灵动的效果。

线的组合形式不同，表达的情感与意义也不相同。直线是建筑空间设计中最基本的形态，在建筑空间构成中具有某种平衡性，因为直线本身很容易适应环境，它是构成其他线段的理论与造型基础。曲线与折线可视为直线的变形线。曲线是建筑中常见的形式，能缓解人的紧张情绪，使人得到柔和的舒适感。斜线最具动感与方向性，有出色的导向性与方向感。线性材质运用在垂直界面，表现为竖向时，可以加强空间的高度感；表现为水平时，则有降低高度、扩大空间的作用。

而面从几何学的角度理解是“线的移动轨迹”或“体与体的相接处”，直线展开为平面，曲线展开为曲面。在平面中，水平面平和宁静，有安定感；垂直面较挺拔，有紧张感；斜面动势强烈；曲面则常常显得温和亲切、奔放浪漫。面的视觉形态及排列方式体现着一定的空间精神和性格。圆形空间的限定感较强，给人以愉悦、温暖、柔和、湿润的联想；三角形给人以凉爽、锐利、坚固、干燥、强壮、收缩、轻巧的联想；矩形给人以坚固、强壮、质朴、沉重、有品格、愉快的联想。

（四）色彩和质感

色彩能对人产生很大的心理影响，因此在处理室内空间时不容忽视。暖色调容易让人感到兴奋、热烈、紧张、激动等心情；冷色调让人产生宁静、安定和幽雅的感觉。因此，冷色调的空间主要是居室、病房和阅览室等房间；暖色调主要用于体育馆、电影院等房间。

色彩的冷暖会给人的视觉产生不同的影响。暖色调会让人感觉到靠近，冷色调会让人感觉到远离。在大小相同的两个房间中，暖色调会显得稍小一些，冷色调会显得稍大一些。色彩的不同明度也会让人产生不同的感觉。明度高的色彩让人感觉到兴奋、明快，明度低的色彩让人感觉到沉闷、压抑。

一般情况下，室内色彩的处理按照上浅下深的原则，天花颜色最浅，墙面稍深，护墙更深，地面最深。色彩的深浅不同，会给人产生不同重量感，浅色给人的感觉轻，深色给人的感觉重。上浅下深的设计原则给人的重量感是上轻下重，符合力学重力稳定的原则。

室内色彩在处理时还要掌握好调和与对比的关系。过分强调对比会影响色彩的统一，过分强调调和会让人感到没有生气。室内色彩处理时应首先确定一个基本色调，然后根据基本色调确定恰当的调和与对比。整体色彩要追求统一，局部色彩追求对比，以获得既和谐又统一的效果。室内色彩处理要避免大面积使用纯度过高的原色。天花、墙面及地面的颜色不能过分强烈，因为这样会使人感到刺激，为缓和这种刺激感可使用一些带灰色的中间色调进行调和。

建筑空间是由各种装修材料构成的，建筑材料具有不同的质感，建筑师应借助质感的变化和对比来获得良好的设计效果。室内空间与人的关系较为密切，人们可以看到、摸到它细微的变化，因此室内装修材料的质感应该光滑、细腻一些，室外装修材料的质感可以粗糙一些。

二、多个空间处理

（一）对比和变化

两个相邻空间可以通过呈现比较明显的差异变化来体现各自的特点，让人从一个空间进入另一个空间时产生强烈的感官刺激变化来获得某种效果。在建筑设计中，对比可分为以下几种。

①高低对比：若由低矮空间进入高大空间，视野会突然变得开阔，使人情绪为之一振，通过对比，后者就更加雄伟，反之同理。

②虚实对比：当人由相对封闭的空间进入开敞通透的空间，会使人有豁然开朗的感觉，进一步引申，可以为明暗对比。

③形状对比：不同形状的空间会使人产生截然不同的感受，两个相邻空间的形状有差别，很容易产生对比效果，两个空间的形状对比不仅可表现为地面轮廓对比，也可表现为墙面形式对比。

④方向对比：方向感是以人为中心形成的，在空间中运用方向的对比可以打破空间的单调感。

⑤色彩对比：色彩的对比包括色相、明度、彩度及冷暖感等。强烈的色彩对比容易产生活泼欢快的效果。微弱的对比也称微差，使各部分协调，容易产生柔和、幽雅的效果。

（二）分隔和联系

空间的多个层次是指室内外空间、灰空间、内空间、同一空间的不同部位等。建筑设计相互间都要有一定联系，这种联系可以是有形的，也可以是无形的，在空间构图上可以形成一定艺术效果的联系关系。

各个空间的不同特性、不同功能及不同环境效果等区分，归根到底都需要借助分隔来实现，一般有绝对分隔、相对分隔两大类。

①绝对分隔：顾名思义，绝对分隔就是指用墙体等实体界面来分隔空间。这种分隔手法直观简单，使得室内空间较安静，私密性好，同时实体界面也可以采取半分隔方式，如半墙、墙上开窗洞等，这样既界定了不同的空间，又可满足某些特定需要，避免空间之间的零交流。

②相对分隔：采用相对分隔来界定空间，可以给人一种心理暗示。这种界定方法虽然没有绝对分隔那么直接和明确，但是通过象征性同样也能达到区分两个不同空间的目的，并且比前者更具有艺术性和趣味性。

在建筑设计中，需要分隔以下类型的空间。

①因性质与要求不同，必须加以分隔。

②具有独特内容的，与四周格格不入的空间，需单独隔离。

③需要遮挡的不美观的部分采用所谓“俗则摒之”的处理办法。

④在艺术构图上需要形成一个闭锁空间的区域。

（三）重复和再现

在有机统一的整体中，可以通过对比来获得变化，重复和再现可以借助协调获得统一。恰当的重复有利于建筑空间的整体统一，不恰当的重复会让人感到杂乱或单调。在音乐中，乐曲就是借助某些旋律的重复而形成主题的，有利于乐曲的整体性。

在多个建筑空间的处理中，只有将对比和重复有机结合，才能获得良好的建筑效果。对称必然包含着对比和重复两方面的因素。我国古代建筑把对称的格局称为排偶，排偶就是成双成对的意思，即某个特征两两重复地出现。西方古典建筑对称形式的建筑平面明显表现出沿中轴线纵向排列的空间，力图使之变换形状或体量，借对比获得变化，而沿中轴线两侧横向排列的空间则是相对重复出现，从全局来看，既有对比和变化，又有重复和再现。

有时建筑师重复利用同一形式的空间，并不是以此形成一个统一的大空间，而是将其与其他形式的空间有机结合成一个整体。人们在持续前进的过程中，通过回忆感受到某一形式的空间重复而产生的一种节奏感，被称为空间再现，即将相同的空间分散开，使相同的空间逐一展现在人们眼前，人们从中感受到空间的重复性，而不是一眼就看出空间的重复性。

我国古代建筑大多数都是以有限类型的空间形式为基本单元，通过重复这些基本单元，获得对比和调和的效果。在空间组合的过程中，各空间既可以根据对称结合成一个整体，也可以按不对称组合成一个整体。对称组合的建筑较为规整，主要用在宫殿、寺院等建筑上；不对称组合的建筑活泼，主要用在园林建筑上。

（四）组织和节奏

空间序列的组织与节奏是一种统摄全局的空间处理手法。空间序列的组织就是把空间的排列和时间的先后这两种因素有机统一起来，使人能在静止和运动中获得良好的观赏效果，并沿着一定路线走完全程后，能让人感受到建筑空间的谐调与变化，从而留下完整深刻的印象。

节奏分为起始阶段、过渡阶段、高潮阶段、终结阶段四个阶段。起始阶段为序列的开端，设计时应使其有足够的吸引力而引起人们注意；过渡阶段可表现为若干不同层次和细微的变化；高潮阶段是序列中的精华和中心之所在，如何使人能在该阶段获得最大的心理满足是设计的核心；终结阶段是经过高潮回归平静，恢复常态，有良好的结束处理，可引起人们对高潮阶段的追思和联想，并耐人寻味。

不同类型的建筑对序列有不同的要求，应与功能结合，如交通性客站就要求序列减少层次，节约时间，而观赏游览性建筑就要迎合游客心理，拉长序列，并在不同阶段给予精心处理。不同序列布局给人不同感受。对称式布局给人以庄严、肃穆和率直的感受；自由式则比较活泼、轻松且富有情趣。此外，观赏序列的路线也有直线、曲线、循环、迂回及立体交叉等多种形式。不同类型的建筑可以按其功能性质特点和性格特征，分别选择不同类型的序列布局和序列路线。

空间序列的组织应使逐一展开的一连串空间有起伏、有抑扬、有一般、有重点、有高潮。由此可见，空间序列的组织实际上就是综合运用对比、重复、过渡、衔接等一系列空间处理手法，把个别的、独立的空间组织成为有秩序和变化的、统一完整的空间集群。

人对于建筑空间的体验，必然是从一个空间走到另一个空间的循序渐进的体验，从而形成一个完整的印象。组织建筑空间，就是将空间排列和时间推移结合起来，让人们在沿着既定路线体验建筑后，能够留下一个和谐一致又充满变化的整体印象。运用多种空间组合方式，按照一定的规律将建筑各空间串成一个整体，这就是空间序列。

空间序列的安排与音乐旋律的组织一样，应该有鲜明的节奏感，流畅悠扬，有始有终。根据主要人流路线逐一展开的空间序列应该有起有伏、有抑有扬、有缓有急。空间序列的起始部分一般是缓和而舒畅的，室内外的关系要处理妥善，将人流引导进入建筑内部。序列中最重要的是高潮部分，常常为大体量空间，为突出重点，可以运用空间的对比手法，以较小、较低的空间来衬托，使之成为控制全局的核心，引起人们情绪上的共鸣。除了高潮以外，在空间序列的结尾处还应该有良好的收尾，一个完整的空间序列既要放得开又要收得住，而恰当的收尾可以完美衬托高潮，使整个序列紧凑而完整。除控制好起始、高潮和收尾，空间序列中的各个部分之间也应该有良好的衔接关系，建筑师要运用过渡、引导、暗示等手段保持空间序列的连续性。

（五）过渡和衔接

有时候两个相邻空间如果直接相接，会显得生硬和突兀，或者使两者之间模糊不清，这时候就需要用一个过渡空间来交代清楚。空间过渡就是建筑师从人们的活动状态来考虑整个空间分隔和联系需要。过渡空间本身不具备实际的功能使用要求，因此设置要自然低调，可以结合某些辅助功能，如门廊、楼梯等，从而在不知不觉之中起到衔接作用。

空间的过渡分为两种形式，即直接过渡和间接过渡。两个空间的直接过渡一般采取隔断或添加其他空间进行分隔。间接过渡是在两个空间之间插入第三个空间进行过渡，如在两个房间之间插入引室、前室、过厅、联系廊等。

两个空间以简单化的形式进行过渡，会给人突兀、单薄的感觉，容易让人对空间的印象不深刻。在两个空间之间插入一个过渡性空间，这个过渡性空间就像文字中的标点符号或者音乐中的休止符一样，使其具有抑扬顿挫的节奏感。过渡性空间本身没有具体的功能要求，但应该尽可能小一点、暗一点、低一点，以充分发挥其在空间处理中的作用，让人们从一个空间走到另一个空间时，经历一个过渡的过程。过渡性空间设置不能生硬，可利用辅助性房间或楼梯等间隙将它们插进去，这样既可以节省面积，又能保证空间的整体性和完整性。

（六）暗示和引导

由于功能、地形或其他条件限制，会使某些比较重要的公共活动空间所处的位置不够明显、突出，以致其不易被人们发现；在设计过程中，建筑师也可能有意识地把某些趣味中心置于比较隐蔽的地方，以避免一览无余。无论是哪一种，都需要在设计时采取措施对人流加以引导或暗示，从而使人们可以按照一定的途径达到预定目标，但是这种引导和暗示不同于路标，它属于空间处理范畴，要处理得自然巧妙，能够使人在不经意中沿着一定的方向或路线从一个空间依次走向另一个空间。空间的引导与暗示，作为一种处理手法，是根据具体条件的不同而千变万化的，具体包含以下几种处理方式。

①利用弯曲的墙面将人引向某个特定的方向，暗示另一个空间的存在。这种引导和暗示的方法是以人的心理特点为依据的。当人们面对弯曲的墙面时，往往会产生一种期待感，希望沿着弯曲的墙面能有所发现。人们会沿着弯曲的墙面进行探索，从而被引导至某个特定的目标。

②可以设置特殊形式的楼梯或踏步，暗示上一层空间的存在。楼梯和踏步具有引导人向上的作用。自动扶梯、直跑楼梯等特殊形式的楼梯，会给人带来强烈的诱惑力。凡是希望将人流从低处空间引导至高处空间的设计，都可以设置楼梯或踏步来进行暗示。例如，天津大学图书馆由于功能和地形限制，出纳厅位于二层偏后的部位，为了把人流引导至出纳厅，设计时在正对着门厅的中

轴线上设置了一部宽大的直跑楼梯，读者进入门厅后立即被它吸引并通过它登上二层，从而到达出纳厅。

③利用天花板、地面或空间中其他界面的细部处理，暗示前进方向。通过天花板、地面或空间中其他界面细部的处理，可以形成一种具有强烈方向性或连续性的图案，从而左右人前进的方向。有意识地利用这种处理手法，将有助于把人流引导至某个确定的目标。例如，德国足球博物馆两层展厅之间起垂直交通联系作用的主要楼梯，其栏板设计采用与周围环境有对比的色带来处理，起到了引导参观路线的作用。

④可灵活分隔空间，以暗示另一个空间的存在。只要不让人感到山穷水尽，人们就会抱有一些期望，在期望地推动下，人就会进行深入探索。利用这种心理状态可暗示处于这一空间的人，使其预感到另一空间存在，将人引导至另一空间。这种处理手法多用在展览馆等空间中，如山东美术馆在两个展厅之间设置了天桥，降低了局部的层高，并暗示着下一个空间存在。

（七）重叠和交错

两个或是多个空间的相互交叠与交错是一种更为复杂和多变的空间组合方式。两个空间的重叠或交错会产生一个共有空间，或是暗示出一个同时属于两者的空间。通常建筑师需要将单独的空间明确地划分和确立下来，以满足不同的功能和使用需要。然而在现代空间装饰手法中出现了一些以墙体变化、框架交错、梁架装饰等方式而实现的空间的交错领域。其首要目的并不是谋求实现空间的真正交叠，而是运用视觉和心理上的戏法来实现空间变化，但其得到的效果确实大大增强了原本相邻空间的层次和复杂性。

在公共建筑和室外空间中，重叠是一个必然的处理方式，它将各种不同的区域结合、焊接在了一起，并表达了自己的公共性态度。交错暗示着一种公共的空间属性，这是一个交流与聚集产生的地方。

（八）延伸和借景

在分隔两个空间时人们要有意保持一定的连通关系，这样空间之间就能渗透产生互相借景的效果，增加空间层次感。

空间延伸是在相邻空间开敞、渗透的基础上，做某种连续性处理所获得的空间效果。其具体手法包括：①使某个界面（如顶棚）在两个空间之间保持连续；②用陈设、绿化水体等在两个空间之间形成连续。

通过在空间的某个界面上设置门、窗或洞口等，有意将另外空间的景色摄取过来，这种手法就被称为借景。在借景时，对空间景色要进行裁剪，美则纳之，不美则要避之。在中国古典园林之中，常采用增开门窗、洞口的方法使门窗、洞口两侧的空间互相借景，而在现代小住宅设计中常采用玻璃隔断。

第三节　建筑空间利用与设计

一、建筑空间利用

要想合理利用空间，充分发挥空间的使用价值，使建筑功能与室内空间艺术处理紧密结合，达到统一是建筑内部空间设计的首要问题。首先，在结构方案合理的前提下，应尽量减少结构面积，不同结构类型所占的结构面积有很大区别，因此设计时要合理选择结构方案，使结构面积减少至最小，应在使用合理的条件下，尽可能减少隔墙，在可以用家具分隔的情况下，尽量减少固定隔断。目前，能自由灵活布置的大空间设计方案已在许多建筑中得到运用，居住建筑中采用仅固定楼梯间和卫生间的布置方案。其次，应控制不同类型房间的体量，各类房间的面积有大有小，使用人数有多有少，使用时间有长有短，在空间艺术要求上也有很大区别，因此其空间体量绝不可能完全一致，恰当地控制不同类型房间的体量和设计中进行合理分配是节约空间与充分利用空间的根本。所谓充分利用空间，并不意味着片面地节约，否则会造成空间使用不便和艺术观感失败。建筑空间的利用主要针对以下几个方面。

（一）夹层

公共建筑中的营业厅、候车室、比赛馆等都要求有较高的层高，而与此相联系的辅助用房和附属用房在面积与层高上要小得多，因此设计时常采取在大厅周围布置夹层的方式，以便合理利用空间。设计夹层时应特别注意楼梯的布置和处理，建筑师要能充分利用楼梯平台的高差适应不同层高需要，而不另外增加楼梯间是最理想的。居住建筑中也常结合起居室的高大空间设置夹层。

（二）坡屋顶

坡屋顶在公共建筑中，特别是在居住建筑中是十分常见的一种屋面处理形式，三角形坡屋顶中部有不小的空间，在设计时应充分利用。影剧院中的坡屋顶常作为布置通风管道、照明管线的技术层来利用，居住建筑中常将坡屋顶设置阁楼或储藏室。

（三）走道上部空间

纯粹的交通性的走道，不论是在公共建筑中还是在居住建筑中，都是供人们通行而停留较少的地方，宽度也不大，因此可采取比其他房间更低的层高。公共建筑中常利用走道上部的空间布置通风管道、照明管线，而居住建筑中常利用走道上部的空间布置储藏空间，于是从被压低的交通空间进入房间，可以使本来高度就不大的居室，在大小空间的对比下，产生更为开敞的效果。

（四）窗台下部空间

利用外墙的厚度在窗台下适当加以处理，按空间的大小不同，可设置空调室外机位或储存杂物等。商店、旅馆、餐厅、家庭都需要储存大量的杂物，如果没有适当的储存空间，这些杂物必然会侵占其他房间。因此，不论是公共建筑还是居住建筑，在设计方案的过程中一定要自始至终注意空间利用、杂物储存、各种管道布置。住宅首先应将储存空间和建筑紧密结合，壁柜、悬挂式家具等，不但可以相对增加使用面积，而且对室内空间的完整性起着极为重要的作用，为室内设计带来了十分有利的条件。

（五）楼梯间底层及顶层空间

对于一般楼梯，楼梯间底层空间常被布置成小房间，公共建筑中也常利用楼梯间底层空间布置家具或水池绿化，以美化室内环境。楼梯间顶部从楼梯平台至屋面一般有一层半的空间高度，因此在许多建筑中都尽量利用它布置一个小房间，只要不影响人的通行即可，这样不但增加了使用面积，也避免过高的楼梯空间给人一种空旷的感觉。

二、建筑内部空间形态的设计

建筑空间有各种各样的处理手法，归根结底是要创造出适合某种使用目的的空间形态。人们对空间环境的要求将随着生产、文化、科学技术发展和生活水平的提高而越来越高。人类在长期的建筑实践中积累了丰富的经验。由于建筑内部空间的丰富性和多样性，空间在水平方向和垂直方向上互相渗透与穿插，有时确实很难把它们完全分开，这就为空间形态的分析带来了一定的困难，但是如果抓住了空间形态的典型特征及其处理方法的规律，人们就可以从千姿百态的空间中大致归纳出主要的空间形态。

（一）共享空间

共享空间在各个国家都享有盛誉，共享空间可以将多层内院打扮的五彩缤纷，现在有很多建筑都争相模仿。

（二）虚幻空间

室内镜面反映的虚像可以将人的视觉带到镜面背后的虚幻空间中，由此产生了空间扩大的视觉效果。建筑师还可以借助几个镜面的折射，在原来的平面空间中营造出一种立体空间的感觉。

室内可以借助镜面，扩大空间的视觉感，甚至可以产生一定的幻觉装饰效果。建筑不仅仅可以借助镜面，还可以借助具有一定景深的大幅画面延伸视觉范围，形成空间深远的感觉。

（三）母子空间

人们在大空间内一起工作、休息，有时会感到空旷且不够亲切，而在封闭的小空间内，又会感到联系不便、沉闷、闭塞。建筑中采用大空间内套小空间这种封闭与开敞相结合的处理方式可使二者兼得。剧院观众厅为了增强私密感和亲切感，有时也会采用这种处理方式，以满足一部分人的心理需求。这种强调共性中有个性的空间处理方式，是公共建筑空间设计的一大进步。许多公共场所的大厅虽然很大，但使用率很低，因为在这样的大厅中找不到一个适合少数人交谈、休息的地方。当然这也不是要把所有的公共大厅都分隔成若干个小空间，因为如果处理不当，公共大厅就会被划分得支离破碎。因此，对母子空间应采取怎样的分隔和联系手法是设计当中的一个关键性问题。

（四）下沉式空间

下沉式空间是指将室内地面局部下沉，在整体的室内的大空间中就会出现一个边界明确的独立空间。下沉地面的标高比周围的标高要低，因此会让人产生一种安全感、保护感，也使得下沉式空间具有一定的私密性。

人们在下沉式空间中工作、学习、交往不容易受到干扰，因此下沉式空间在很多的公共建筑与住宅中都得到了广泛应用。其根据具体条件和要求的不同，可以有不同的下降高度。对高差交界处的处理方式也有许多种，可以布置沙发，也可以布置书架及装饰品等，高差较大时应设置围栏。

（五）地台式空间

室内地面局部升高之后也会在室内产生一个十分明确的空间，这个空间就是地台式空间。地台式空间与下沉式空间在功能、作用上是对立的。地面升高形成的地台与周围的空间形成了强烈对比。很多商店会利用地台空间将自己想要推销的商品放置在那里，使人们进入商店之后可以很快注意到这些商品，在无形之中完成了商品宣传。

现代住宅的面积虽然不大，但也会应用到地台式空间，布置家具，使室内家具和地面结合起来，简洁而有变化，这也是现代住宅的一大变化和创造。

（六）外凸式空间

外凸式空间对内部空间而言是凹室，对外部空间而言是向外凸出的空间，如果周围不开窗，从内部而言其仍然保持了凹室的特点，但这种不开窗的外凸式空间，在设计上一般没有多大意义，除非外形需要。

大部分外凸式空间希望建筑更接触自然，因此没有凹室那样强的私密性和安全感。这类空间在西方古典建筑中运用得比较普遍，因有一定特色故至今也常采用。

（七）回廊与挑台

回廊与挑台一般多出现在多层大厅里，其不仅仅是为了联系交通，还可以增加空间上的层次感，与大厅形成强烈对比。回廊与挑台在现代建筑中也有广泛应用，旅馆中也借助回廊与挑台来吸引游客。

（八）凹室

凹室在居住建筑中比较普遍，由于凹室只有一面面对开敞的空间，因此不容易受到干扰，使人具有安全感、清静感、亲密感，是空间中私密性较高的一种空间形态。居住建筑中常在凹室中布置床位，周围一般不开窗。公共建筑中常将凹室作为隐蔽的休息空间。在长廊中，特别是在内廊中适当布置一些凹室可避免空间的单调感。

（九）交错、穿插空间

城市中的立体交通车水马龙，人流、车流穿梭不息，显示出了一个城市的活力，这也是繁华城市壮观的景色之一。现代建筑空间设计，早已不满足于静止的空间形态，因此常把室外的立体交通引入室内，不但丰富了室内景观，也给室内空间增添了生气和活力。俱乐部、展览馆及其他文化娱乐场所常采用这种空间形态。

三、建筑外部空间形态设计

（一）渗透与层次

在建筑群体组合中，建筑师借助建筑物的空廊、门窗、门洞等或者自然界的树木、山石、湖水等，将空间分割成若干部分，这些被分割的部分也不会完全隔绝，而是有意通过处理将部分空间适当连通，这样可以使建筑空间和自然环境互相因借，空间互相渗透，从而极大地丰富了空间的层次感。丰富空间层次的方法一般包括以下几种。

①通过景框将空间分割，使人们可以从一个空间可以观赏到另一个空间。

②通过敞廊从一个空间看到另一个空间，借助敞廊将空间分割，让他们相互渗透。

③通过建筑物架空的底层从一个空间看到另一个空间，借助建筑物将空间分割，让他们彼此渗透。

（二）序列组织

建筑群外部空间基本是由两个或者两个以上的空间组合而成的，组合势必会产生先后顺序问题。空间顺序是遵循一定的原则，根据空间的用途与功能要求来设定的，空间的序列顺序会根据人流活动的规律来设定。在整个序列组织中，人的视点运动形成的动态空间与外部空间是相匹配的。

外部空间的序列组合是带有全局性质的，它关系到建筑组合的整体布局，通常采用的手法是先将空间收缩，然后开敞，随着顺序前进再收缩，再开敞，引出高潮后再收缩，最后到尾声。

第四章 建筑形体结构、材料和设备与建筑设计

本章从建筑形体结构与建筑设计、建筑材料与建筑设计及建筑设备与建筑设计三个部分来进行介绍。

第一节 建筑形体结构与建筑设计

一、建筑的形与线

（一）建筑轮廓

建筑轮廓是指建筑形体的边界。作为一种辨别建筑形体的依据，建筑轮廓具有较高的可识别性。因此，我们进行纪念性、标志性建筑造型设计及建筑群体宏观造型设计时，必须重视建筑轮廓的标识作用。现代建筑综合了时空要素，更注重建筑轮廓的动态变化。现代建筑形体日趋简洁、不拘泥于细部处理，着重强调形体组合所获得的转折变化、光影变化等。

从视觉认知规律来看，空间轮廓、层次、关系等因素给人们的视觉感知程度（即视觉清晰度）受到视角、视距制约和影响。据此特性，我们经常将视觉对象组织为近景、中景、远景三种空间层次，通过加大空间纵向进深，突出空间景物主题。人们对视觉对象的感受有一个舒适的视角范围，这一范围即为视野，它对增强建筑的视觉艺术感染力具有非常重要的作用。

（二）建筑造型

近年来，建筑学中的几何空间实践不断受到拓扑空间、模糊空间、突变空间等观念及方法的影响，为建筑空间设计开辟了新境界、注入了新活力、提出了新挑战。这里需要指出的是几何空间论仍然是其他空间论的基础，要突破和超越几何空间论，必须先了解几何空间论。建筑形体大致有基本几何体、组合几何体、自由几何体三种类型。建筑造型大致有几何法、构合法、变异法、模

仿法等方法。

1. 几何法

基本几何体包括立方体，棱柱体、棱锥体等平面几何体，还有圆柱体、圆锥体、球体等曲面几何体。基本几何体简明、稳定，往往与大山天空、宇宙等习惯概念及意识相联系，容易给人永恒、稳定、庄重等艺术感染力。因此，基本几何体具有“雕塑”魅力，经常被运用于纪念性建筑设计，建筑师常以其形体尺度、形体与环境关系、环境氛围等来表现建筑形象。

2. 变异法

自由几何体一般由简单几何体变形而来。变形即改变事物原型的某些因素，瓦解事物原型的同时，保留其某些特征，使人们仍然能感受事物原型的某些痕迹，这就是格式塔心理学中的所谓“变调性”。

此方法往往由简变繁、由直变曲、由规则变不规则，因而能获得独特、变异、丰富的艺术形象。常见的变异有弯曲、倾斜、扭转、折叠异化等方式。值得注意的是，建筑形体变异一定要考虑功能要求和技术条件限制。不能为变异而变异，不能单纯为追求奇异的视觉及精神效果而打破常规。

3. 模仿法

（1）生物模仿

生物模仿即建筑仿生。建筑仿生并非简单地模仿、照抄、吸收自然生物的生长规律及生态肌理，需要结合建筑自身特点并适应环境变化。常见的建筑仿生大致有结构仿生、功能仿生等方式。

①结构仿生是对自然生物组织、结构、力学等特点的类推及应用，如美国工程师富勒从蜂窝菱形组织及自然结晶体结构中获得启示，模拟一种深海鱼类的网状骨架和昆虫的放射状结构，设计了加拿大蒙特利尔国际博览会美国馆的网架屋顶。

②功能仿生源自于建筑及环境要求。在一些特殊的地段环境中，建筑师通过模仿原有建筑形态，体现对原有环境的尊重，从而在建筑与环境之间建立起“地脉”关系，在新老建筑之间建立起某种“文脉”关系，使建筑与环境获得整体统一性和时空连续性。

（2）先例模仿

先例模仿是形式创造的一个重要途径。先例可以是历史或现实的先例，也可以是民间或正统的先例；学习可以是直接经验或间接经验学习。在创造与先例相类似的形式时，先例所包含的信息能够刺激头脑，丰富想象及联想，突破创作瓶颈。

建筑创作讲求“意在笔先”。“意”和“象”分别属于知识信息与图像信息。“立意”是对信息的提取、筛选、汇总。头脑贮存的信息越多，立意才可能更高妙。“创作”是对信息进行编辑、加工、优化。创作者有了立意并借助纸和笔才能将抽象的立意呈现为直观的形式。毫无疑问，信息储存是信息加工的前提条件。

（3）艺术模仿

建筑从诞生之日起就受到其他艺术的深刻影响。建筑设计与绘画、雕塑、音乐等艺术形式有着深厚的渊源关系，艺术理论及实践发展不仅为建筑创作提供了一种艺术观念，也为建筑创作提供了各种艺术方法。

受到立体主义（风格派和构成主义的起源）“时空”观念的影响，建筑师在三维空间（几何学）基础上引入了位移、时间、距离及速度概念，将建筑视为四维空间。柯布西耶称四维空间是“使用造型方法的一种恰当、和谐所引起的无限逃逸时刻——视觉错觉表现”，在萨伏伊别墅设计中，人们通过挖空形体、构件穿插，表现内外空间难解难分的渗透关系。同样，受到毕加索绘画“动态时空”观念影响，包豪斯校舍以玻璃处理“空间透明性”，将绘画的无限神奇力量引入建筑设计之中，打破建筑正面与侧面的时空逻辑关系。

当今几乎没有什么视觉效果不能建构，但我们不能“滥用”技术与经济手段创造“遥不可及”的东西。坚持形式仿生的现实性、适宜性和可操作性等，是有职业道德及责任感的建筑师所应具备的基本素质。

4. 构合法

当代建筑呈现出功能复合化、空间多元化、形式多样性等特点，这是空间组合及形体构成的必然结果。建筑形体构成大致有“加法”和“减法”两种方法。

（1）形体加法

形体加法即对基本几何体（即原型）进行聚集加工。常见的加法有并列、重复、嵌套、聚合等。

①并列是指两个形体相对而立的方式，二者相互没有主次区别，体量相同或近似，具有对称或对应关系。

②重复是指多组形体排列的组合方式。此方法也叫母题法，即多组形体按照一定的网格、线形等结构方式，重复排列，从而产生强烈的韵律感和秩序感，及某种群化、强化、再现等特殊情态。

③嵌套是指一个或几个小形体嵌入另一个大形体的组合方式，此方法需要明确区分各种形体之间的主次关系，保持最终形体的完整性，被嵌套的形体不

能太多。

④聚合是指多组形体重叠的组合方式。聚合不同于嵌套，它只是形体的部分叠合而非完全包容。采用此方法人们应当注意多组形体融合及统一，避免削弱各个形体的表现力，只有这样，才能产生及表达多样、丰富的建筑形态。大多数情况下，聚合在平面上的反映就是多组几何形状的系统组合。

（2）形体减法

形体减法就是从一个较大的形体中局部切除或切取一个较小的形体。常见的减法有切削、挖空，分裂、打散等。形体减法与形体加法互为逆向过程，从操作过程看，减法不及加法直接。运用减法的关键问题主要包括以下几方面。

①为什么要切除或切取。

②被切除或切取的部分将怎样使用。

③切除或切取对原有形体将会产生怎样的影响。

（三）建筑立面构图

建筑立面是建筑内外空间的中介界面，能够展现建筑空间组合、体量构成、形象意义。一般情况下人们通过建筑立面感知建筑形体存在，建筑设计的成败、好坏及人们对建筑的认同与建筑立面设计有直接关系。建筑立面作为一种表现建筑形式、形体、形象的手段，其设计需要人们把握建筑内与外、虚与实、凹与凸等关系。

1. 内外关系

柯布西耶在《建筑构成的四种形式》一书中，将建筑外观与内部空间的关系分为四种形式。

①建筑外观直接、真实地反映了内部空间组织及变化，此形式被现代建筑大力提倡，被多数建筑师采用，适用于空间组织简单、立面形象完整的建筑。

②在简单的外壳下，内部空间布置紧凑，此形式保持了立面形象完整，但是需要把握形体比例尺度、丰富细部构件，密斯的“玻璃盒子”就是属于此类。

③用独立结构作为简明的外壳，各房间可在结构中自由布置。当今许多建筑师都采用这种“内外两层表皮”的做法，选择各种材料和结构以展示“皮包骨”或“骨包皮”的关系。

④该类型外观与第二种形式类似，内部空间组织是第一和第三种形式的混合。

2. 虚实关系

虚与实是建筑立面设计中一对相辅相成的矛盾。西方人一贯认为世界是物质的，因而强调建筑实体及体积感，门窗只是通行疏散、采光通风的“通道”。中国人坚持无形的“虚”是事物的原本形态，因此强调“虚实相生”的美学原则，讲求“留白”的艺术处理。一幢建筑无论其规模大小，立面一般都要开设门窗。如何组织门窗并使之变化有序，便成了立面设计的关键问题。建筑中门窗排列大致有以下几种方式。

（1）网格式排列

网格式门窗排列是建筑立面设计中最常见，最简单的一种方法。有许多建筑或单元空间的开间和层高尺寸相对统一，由此而形成的结构网格整齐划一，门窗可以按照逻辑清晰的结构网格均匀排列。这种门窗排列方式很容易使建筑立面流于单调和呆板，但如果能把建筑立面上的梁、板、柱等要素有机结合起来其同样可取得简明、庄重、大气等良好视觉效果。

（2）片组式排列

片组式门窗排列即人们有意将分散状态的门窗组合成集中状态的门窗。建筑门窗呈一组或多组状态、有规律的大小变化或重复出现，同样可以使建筑立面具有一种特殊的韵味。

（3）散点式排列

散点式门窗排列即建筑师有意将集中的门窗组合成相对分散的门窗。这种门窗排列方式可使建筑立面变得生动活跃，但排列不当也可能扰乱和破坏建筑立面。排列门窗时，可将门窗视为一种建筑立面构图的“符号”和“图案”，控制门窗与建筑立面边角的对位关系及门窗之间边角的对位关系。

3. 凹凸关系

就建筑立面而言，凹凸是建筑立面某些部位的退进（包括切除、镂空等）或拉出变化。建筑凹凸可以丰富建筑立面的层次感，增强建筑形体的体积感，产生建筑形态的光影变化感。大尺度凹凸必须结合建筑使用功能、结构形式、材料构造等因素考虑。

（1）立面重点

建筑立面重点具有“画龙点睛”的作用，如阳台是住宅的标记、钟鼓楼是交通建筑的符号。这些重点部位的设计及处理，应当结合功能与形式考虑，综合平衡局部与整体、色彩与材料、比例与尺度等关系，力求在变化中有统一、在统一中有变化。人对建筑的第一印象往往来自建筑出入口，人们往往会留意出入口与建筑形体的比例关系及其与其他建筑出入口的差异等。由此，建筑师可根据不同的建筑类型特点，采取不同的设计方法，如办公类建筑抬高门厅地坪标高、增设踏步、加大门扇尺度等；商业类建筑可分别设置主次出入口、减少室内外地坪标高差、设置橱窗或玻璃等。

（2）立面转角

立面转角是建筑界面的交接点或交接线。作为建筑造型元素之一，立面转角可以增强人们对建筑形体的感受。直角设计是建筑师常用的一种手法，其所形成的建筑界面关系明确、肯定，可以阐明几何体透视原理，并且符合人们的思维惯性。为获得建筑形象的独特性、阐明建筑意义的重要性，建筑师还会采取强化、软化、弱化等方法，加强建筑转角设计。

①强化转角。强化转角主要是通过外凸、重复、对比转角等手法实现的。锐角处理会突出建筑界面之间的冲突感，给人以气势逼人而又富有张力的视觉形象，因而很容易吸引人的注意力。锐角很容易产生“死角空间”，如何利用“死角空间”是建筑师必须思考的问题，贝聿铭先生设计的美国国家美术东馆的“死角空间”浪费几乎可以忽略不计。

②软化转角。软化转角即对转角进行圆滑、延伸、斜劈等处理。为改变直角生硬形象、柔和建筑界面轮廓，建筑师通常以弧形转角实现相邻界面的自然过渡、以柔和光影淡化界面之间的视觉反差。圆弧半径尺寸会影响转角视觉效果，半径越大、转角弱化效果越好，当平面成为圆形或椭圆形时便消除了转角。但当建筑转角由圆形或椭圆形平面演变为圆柱或棱柱形体时，转角的视觉效果反而会突出、加强。

③弱化转角。弱化转角通过切除、内凹、撕裂转角等手法实现。此方法实际上就是局部切除建筑形体的某一边角，以增加建筑转折部分的层次。作为一种弱化转角设计，简单、自然、不刻意处理更能显现建筑形体落落大方。

（3）立面趣味点

立面趣味点经常是人们审美指向的地方。立面趣味点不一定是建筑立面重点，也不一定就是建筑立面构图中心。如果我们把建筑立面视为一个完整图形的话，立面重点与视觉趣味点并不一定重合，这涉及一个立面均衡的问题当两者不重合时，建筑立面就会产生诸如运动感、方向感等不均衡的感觉。另外，人们还应该注意的是立面趣味点可以是一个点、一条直线甚至一个具体的形状或形体等。与立面重点一样，立面趣味点设计必须通过尺度、形状、色彩、材质等对比手法加以强调。

在视觉与心理作用下，立面趣味点经常偏离建筑立面构图中心。立面趣味点与其形式有很大的关系，它属于意识范畴的东西，设计者可以将自己所关注的东西通过趣味点传达给观众，但观众未必就会接受。因而，设计者设计立面趣味点时，应当明确立面趣味点的审美指向、引导观众的审美情趣，不能强迫观众接受自己的个人爱好。另外，在观赏建筑立面中，人们的视觉活动只需要有一个中心点，因为中心点过多会分散人们的注意力，同时使建筑立面缺乏主题重点。

二、建筑的色与质

（一）建筑色彩

1. 色彩的形成

色彩人是通过眼、脑和生活经验所产生的一种对光的感知，是一种视觉效应。人对颜色的感觉不仅仅由光的物理性质所决定，比如人类对颜色的感觉往往受到周围颜色影响。有时人们也将物质产生不同颜色的物理特性直接称为颜色。

经验证明，人类对色彩认识与应用是通过发现差异并寻找它们彼此的内在联系来实现的，因此人类由最基本的视觉经验得出了一个最朴素也是最重要的结论——没有光就没有色。白天人们能看到五颜六色的物体，但在漆黑无光的夜晚就什么也看不见。

人们经过大量的科学实验得知，色彩是以色光为主体的客观存在，对于人来说它就是一种视像感觉。

产生这种感觉主要基于以下三种因素。

①光照。

②物体对光的反射。

③人的视觉器官—眼。

不同波长的可见光投射到物体上，有一部分波长的光被吸收，有一部分波长的光被反射出来刺激人的眼睛，相关信息经过视神经传递到大脑，使人形成对物体的色彩认知，即人的色彩感觉。

光、眼、物三者之间的关系构成了色彩研究和色彩学的基本内容，同时也是色彩实践的理论基础与依据。

2. 色彩的三要素

（1）色相

色相即色别，是指不同颜色的相貌或名称。不同波长的光波会产生不同的色彩现象。光谱色中的红、橙、黄、绿、青、蓝、紫为基本色相，如玫瑰红、大红、朱红、橘红、土红、粉绿、中绿、草绿、翠绿、土绿等，这些都是因为波长的细微差别所致。如果红色加入白色就会混合出明度、纯度不同的暗红色，如果加入灰色就会混合出灰红色（浊色），由此可见，混合后的红色还是同一色相，只是明度、纯度不同而已，它仍保持原色相的主要特征。

色相是色彩的首要特征，是区别各种不同色彩的最准确的标准。事实上任何黑、白、灰以外的颜色都有色相属性，而色相也就是由原色、间色和复色来构成的。

原色：不能通过其他颜色调和得出的颜色称为原色。红、黄、蓝即为三原色。

间色：某两种颜色相互混合的颜色，如橙 = 黄 + 红，绿 = 黄 + 蓝。

复色：由 3 种原色按不同比例调配而成，或间色与间色调配而成的颜色，也叫次色。

补色：与一种颜色在色轮上所处位置相对的颜色。

（2）明度

明度又称“光度”，是指色彩的明暗程度，同一色相的物体表面反射光线的能力不同，因此呈现出了不同的明暗程度。

明度不仅取决于物体的照明程度，而且取决于物体表面的反射系数。如果人们看到的光线来源于光源，那么明度就取决于光源的强度；如果人们看到的是来源于物体表面反射的光线，那么明度取决于照明光源的强度和物体表面的反射系数。明度可以简单被理解为颜色的亮度，不同的颜色具有不同的明度。在绘画当中，人们可以通过改变颜色的明度来体现画面所要表达的内容。若把灰色系中的黑、白作为两个极端，在中间根据明度的顺序，等间隔排列若干个灰色，就成为有关明度阶段的系列，即明度系列。靠近白端的为高明度色，靠近黑端的为低明度色，中间部分为中明度色。不同的色相在可见光谱上的位置不同，被视觉的感知程度也不同。黄色处于可见光谱的中心位置，感知度高，色彩的明度也高。紫色处于可见光谱的边缘，感知度低，色彩的明度也低。橙、绿、红、蓝明度居于黄与紫之间，这些色相依次排列，有规则排列出了明度的变化。即使是同一色相，也会有明度的变化，如深绿、中绿、浅绿。在色彩变化过程中，对色相加白后可提高其明度，加黑后则会降低其明度。

（3）纯度

纯度，又称“饱和度”或“彩度”，是指颜色的纯净程度。从科学的角度看，一种颜色的鲜艳度取决于这一色相发射光的单一程度。人眼能辨别的、有单色光特征的色，都具有一定的鲜艳度。不同的色相不仅明度不同，纯度也不相同。

颜色在没有加入白和黑及灰色时纯度最高，一旦加入，则纯度减弱。一种颜色所含的有效成分越多，色彩的纯度也就越高。纯度最高的色彩是三原色。在三原色中无论加入什么颜色，其纯度都会降低。例如，在原色中加白，其纯度降低，但明度提高；在原色中加黑，其纯度降低，明度也随之降低。纯度高的色彩明快、艳丽，纯度低的色彩混浊不清，而纯度居中的色彩则平和、稳定。

3. 色彩的特性

任何一种色彩都有色相、明度、纯度三要素。根据色彩三要素，人们可将色彩分为没有彩度的“无彩色”（如黑、白、灰等）和有彩度的“有彩色”（如红橙、黄、绿、蓝、紫等）两大类。

不同的色彩给人以不同的空间感、冷暖感、轻重感、软硬感等。色彩的空间感指有色物体给人的膨胀或收缩感受、前进或后退感受；在色光刺激、视觉调节的作用下波长、明度高或彩度高的色相，给人前进感、膨胀感，反之给人后退感、收缩感。

色彩的冷暖感由物质材料的质感、视觉及心理特性等因素决定。色相有暖色（如橙、红黄）和冷色（如蓝、绿、紫）之分，明度也有暖色（如黑色吸收率高、色暖）和冷色（如白色反射率高、色冷）之分，彩度降低，色彩的冷暖感随之降低。色彩的轻重感由物质材料的质感及色彩明度决定，比如明度低的物质色彩感重、明度高的物质色彩感轻；有光泽、质地细密的物体给人感觉重，有孔隙、结构松软的物体给人感觉轻；感觉轻的物体给人软而膨胀的感觉，感觉重的物体则给人相反的感觉。

色彩在引起人视觉感知的同时，还会引发人对于色彩相关的具体事物的联想，进而产生心理抽象层面上的联想，如蓝色会使人联想到大海、天空、水等具体事物，这些事物意味着深远、平静、理智等。人对色彩的联想，由色彩本身的特性及地域文化和传统习俗等因素所造成，如红色对人的刺激作用大，会使人血压增高、血液循环加速，因而给人热闹、激动、鼓舞的感觉。

4. 色彩的混合

色彩的混合是指在某一种色彩中混入另一种色彩，混合之后该色的色相、明度、纯度都会发生变化。色彩混合分为加色法混合和减色法混合。

色光的三原色是红、黄、蓝，颜料的三原色是品红、黄、青。色光混合后变亮，称为加色混合；颜料混合后变暗，称为减色混合。

（1）加色混合

将两种或两种以上的色光相混合，构成新的色光的方法，称为加色混合法。

加色混合又称色光混合，即将不同光源的辐射光投照到一起，合照出新色光，色光混合后所得混合色的亮度比参与混合的各色光的亮度都高，是各色光亮度的总和。例如，红色和绿色混合会变成黄色，明度增加；绿色和紫色混合会变成蓝色，明度增加；红和蓝可混合成亮红，明度增加。如果把三个原色光混合在一起，则得到白色光，白色光为最明亮的光。如果改变三原色的混合比例，还可得到其他不同的颜色，如红光与不同比例的绿光混合，可以得出橙、黄、黄绿等色；红光与不同比例的蓝紫光混合，可以得出品红、红紫、紫红、蓝等色；紫光与不同比例的绿光混合，可以得出绿蓝、青、青绿等色。如果将蓝紫、绿、红三种光按不同比例混合，可以得出更多的颜色，一切颜色都可通过加色混合得到。由于加色混合是色光混合，因此随着不同色光混合量增加，色光的明度也逐渐加强，所以也叫加光混合。当全色光混合时，则可趋于白色的光，它比任何色光都明亮。

加色混合效果是由人的视觉器官来完成的，因此是一种视觉混合。彩色电视的色彩影像就是人们应用加色混合原理设计的，彩色影像被分解成三种基色，并分别转变为电信号加以传送，最后在荧屏上重新由三基色混合成彩色影像管中的三原色光束，组成色彩影像。加色混合法是颜色光混合，颜色光混合是在外界发生的，然后再作用到人们的视觉器官，也可以说是不同的光线射入视网膜，人们便看到了颜色。

（2）减色混合

利用颜料混合或颜色透明层叠合的方法获得新的色彩，称为减色法混合。有色物体（包括颜料）之所以能显色，是因为物体吸收和反射了色谱中的色光。“吸收”的部分色光即为“减去”的部分色光。印染染料、颜料、印刷油墨等各色的混合或重叠，都属于减色混合。当两种以上的色料混合或重叠时，相当于在照在上面的白光中减去各种色料的吸收光，其剩余部分反射光的混合结果就是色料混合和重叠产生的颜色。色料混合种类越多，白光中被减去的吸收光就越多，相应的反射光量也越少，最后将趋近于黑色。

在颜料混合中，混合后的颜色在明度与纯度上都发生了改变，色相也会发生变化，混合颜色的种类越多，混合的颜色就越灰暗。

过去人们习惯把大红、中黄、普蓝称为颜色的三原色，从色彩学上讲，这个概念是不确切的。理想的色料三原色应当是品红（明亮的玫红）、黄（柠黄）、青（湖蓝），因为品红、黄、青混色的范围要比大红、中黄、普蓝宽得多，用减色混合法可得出以下结论。

①品红 + 黄 = 红。

②青 + 黄 = 绿。

③青 + 品红 = 蓝。

④品红 + 青 + 黄 = 黑。

根据减色混合的原理，品红、黄、青按不同的比例混合，从理论上讲可以混合出一切颜色。因此，品红、黄、青三原色在色彩学上称为一次色；两种不同的原色相混合所得的色称为二次色，即间色；两种不同间色相混合所得的色称为第三次色，也称复色。

（3）中性混合

中性混合又称平均混合，是色光传入人眼，在视网膜信息传递过程中形成的色彩混合效果，介于加色混合与减色混合之间。它与色光混合有相同之处，其表达方式有旋转混合与空间混合两种。

①旋转混合。旋转混合属于颜料的反射现象。将图形盘均匀涂上红绿线条并使之均匀旋转。由于混合的色彩快速、反复地刺激人视网膜的同一部位，从而得到视觉中的混合色。色盘旋转的实践证明：应用加色混合其明度提高，减色混合其明度降低，被混合的各种色彩在明度上却是平均值，因此称为中性混合。

②空间混合。空间混合，即将两种或两种以上的颜色并置在一起，通过一定的空间距离使颜色在视觉内达成的混合效果。

5. 色彩的作用

色彩在建筑中具有区分、强调、调节等作用。

（1）色彩的区分作用

色彩可以用来区分建筑空间、形体及构件等，如巴黎蓬皮杜艺术与文化中心即将不同的管道系统涂以不同颜色，交通系统用红色、供水系统用绿色、空调系统用蓝色。色彩越鲜明其区分效果越强，这充分说明了“图底”关系的重要性。

（2）色彩的强调作用

色彩可以强调建筑的某些特殊部位及某种特殊情态，如美国肯尼迪图书馆以大面积的黑白对比渲染肯尼迪的死亡悲剧，以大体量的玻璃幕墙给人水晶般的纯净感受。需要注意的是，人们所强调的特殊部位其色彩应该是小面积的，同时还要与非特殊部位形成色彩对比。

（3）色彩的调节作用

色彩具有调节作用。色彩会与人的视觉及心理、社会文化等相联系，引发某种情感沟通。大体量或立面层次少的建筑可以利用色彩化整为零，“打碎”尺度、“拉出”或“推进”立面层次。当然，形体较简单的建筑，往往会采用引人注目的色彩构成以增加其整体表现力。

6. 色彩的选择及设计原则

建筑色彩选择及设计应当结合地域文化、协调环境、和谐统一考虑。

色彩是我们生活的一部分。不同国家或地区的总体色彩存在着差异，导致这种色彩差异存在的因素很多，有地理、气候、文化及经济等因素。一般阳光充足的地区会以白色或其他浅色为基调色，而降雨较多的地区则会以绿色、红色等为基调色。当人们提起某一个国家或一个地区，就会联想到某种色彩。国家或地区的总体色彩由设计师所决定，设计师应结合地域文化特点，规划城市的色彩、设计建筑的色彩。

当建筑处于某种自然环境及人工环境中时，建筑师对色彩的考虑基本上有以下两个出发点。

①强调和谐，即采用与周围环境相同或相似的色彩，使建筑在视觉上与环境更好的融合。

②强调对比，即采用与周围环境相差较大甚至对比的色彩，突显建筑与周围环境的“图底关系”。

需要强调的是，在城市环境中，人们接受的视觉信息量非常大，为了减轻视觉疲劳与压力，建筑与环境的色彩协调关系显得尤为重要。

建筑师对建筑色彩的处理，有强调和谐、强调对立两种倾向。人们应该根据建筑功能性质和性格特征分别选用不同的色调，以对比求统一，通过色彩交织、穿插等产生调和及呼应，如商业建筑、娱乐建筑等，可以采用较活泼、热烈的色彩；而办公建筑等适宜采用相对平和、稳重的色彩；金融建筑为提高公众的信任度，其色彩应当坚实、稳定。不过，随着建筑设计的多元化，色彩运用也将越来越灵活，但有一点是肯定的，那就是其更加重视使用者的心理和生理需求。

（二）建筑材料

材料的表情通过材质、肌理、色彩等视觉特性得以表现。材质是材料形状、光泽度、透明度等给人的感官印象，表现为自然质感或人工质感。无论何种建筑类型，材料是建筑的骨骼、肌肉和皮肤，承担和发挥着“形式建构”与“艺术装饰”的作用。

1.“形式建构”问题

材料运用应当把握材料性质及特性，如不同材料的“热胀冷缩”特性不同，在不同气温作用下，多种材料混合使用会产生张力或挤压，导致建筑开裂，这就是东西方传统建筑在材料选择有限的情况下，经常采用容易获取且与地方气候及经济条件相适应材料的原因之一。赖特的大部分作品都展示了其用材规则，即不在同一种语言中夹杂着另一种语言，这可以有效减少语言混杂带来的语言混乱问题。当今的“材料兼容”技术发展较为成熟，但成本和代价较为高昂。所以有人说“任何建筑都要避免使用三种以上的材料”，此说法虽然过于绝对，但是也有一定道理。

材料运用应当把“真实的建筑”与“装饰的建筑”区分开来，材料有面积、厚度和强度，还有“声音”，如石墙与粉刷砖墙、石膏板墙等视觉和触觉不一样，敲击它们所发出的声音也不一样。如果用石膏去模仿古典柱式、用混凝土去模仿传统木构架，肯定会产生装腔作势、弄虚作假的感觉。因此，建筑师选择材料时不仅要注意材料的性能、美学效果，还要注意材料的加工及施工工艺，保证材料抗风化、抗渗漏等问题。

2.“艺术装饰”问题

在卢斯“装饰就是罪恶”的思想影响下，现代主义追求简洁、明快、纯净的建筑造型。在材料有限的情况下，其结果很容易发挥材料技术性能，但也很容易使建筑形象千篇一律。近年来，新材料、新结构、新技术不断涌现，材料自身所蕴含的生命力和表现力被人们重新认识。重新挖掘材料性能潜力、建构建筑形象已成为建筑创作的一个新方向。

砖、石材、混凝土、金属、玻璃及木材都是常用的建筑材料，其物理性能及视觉特性包括以下几个方面。

（1）砖

砖是最古老的材料之一，同时是最早的建筑预制材料，早在很久以前，两河流域的古西亚人就开始用黏土砖建造房屋，古罗马及中国也较早使用了砖。砖被称为建筑中的“红金子”，但并非所有的砖都是一样的红色，由于黏土与陶土的不同配比及烧制方法不同，砖可以形成丰富多彩的砖色，因而用砖建造的房屋既有一个比较统一的基调色，又有丰富的色彩层次。另外，由于砖的不同砌筑方式，可以形成丰富的材质肌理，所以砖与其他建筑材料也可以结合得很好。

（2）石材

石材是一种最古老的建筑材料。从人类文明社会开始至今，西方大多数的城堡和房屋都是用石材建造的，因此赖特说“建筑是石头的历史”。天然材料的石材作为一种建筑中常用的天然材料，大致有花岗岩和大理石两类。花岗岩品质坚硬、强度高，有相当好的耐久性和耐磨性，其表面通常由 2 ~ 3 种彩度较低的色彩构成，大理石色彩及质感比较丰富，但耐酸及耐碱腐蚀性能差，多用于室内。

当今有一些建筑师重新挖掘石材的品性，并进行创造性使用，使得建筑形象别具格。如赫尔佐格和德梅隆设计的美国多明莱斯葡萄酒厂，采用一种金属编织的“笼子”做框架，把当地采集到的不规则天然石块填装其中，形成尺度大、形状规则的“石笼”。这些透空的“石笼”比常见的砖墙、钢筋混凝土墙更能发挥保温和通风作用。另外，这些灰色、墨绿色的石材，与周围环境景色对比统一，使建筑形象极富魅力。该作品是当代建筑创造性使用石材的经典范例。

（3）混凝土

混凝土可以说是既古老又现代的建筑材料。早在两千多年前，古罗马人就开始使用天然混凝土。钢筋混凝土是混凝土的进一步发展，它彻底改变了西方传统建筑，是现代建筑运动的物质基础。

（4）金属

金属材料尤其是钢材，由于其强度极高和便于加工等特点，正好满足现代建筑在结构方面的大跨度、高空间、轻重量及构件标准化的要求。此外，金属材料呈冷灰色光泽，具有极高的可塑性和美学表现力，可以加工成各种预制构件，还可以与玻璃搭配制作成各种精美的幕墙。

（5）玻璃

玻璃可以说是现代建筑师最为青睐的建筑材料之一，“玻璃盒子”作为现代建筑的一种独特形式曾经风靡全球。随着玻璃加工技术和制作工艺发展，玻璃在建筑中使用得越来越广泛，从采光功能到墙体反射、隔热等维护功能，再到装饰功能扩展等。玻璃的实用价值及美学效果主要来自它的透明特性及反射效果两个方面。

（6）木材

木材也是一种重要的传统建筑材料，其具有较高的弹性和韧性，容易加工，耐久性良好、导热性低，还有独特的纹理。赖特认为最有人情味的材料就是木材。

人们都愿意亲近木材，触摸它和欣赏它。木材因天然生长而形成了美丽的纹理，尤其是在锯开和抛光后，这种木纹会带着光泽而显现出来，这正是木材最美妙的性质。

三、建筑的光与影

（一）光的特点

自然光是天然存在的光源，包括太阳直射光、天空散射光及现场反射光三种形式。

1. 直射光

直射光是直接照射物体的阳光，影响物体明暗，其照明特点是受光面亮、背光面暗、阴影很重，由此造成物体轮廓清晰、立体感强，但存在影调反差大，层次不够丰富等缺点。

2. 散射光

散射光是云雾遮日或阴天条件下间接照射物体的阳光，影响物体影调，其照明特点是光线柔和轻淡，由此造成物体形体轮廓线与转折面较柔和，形体表面影调层次丰富，但缺乏明确的立体效果等。

3. 反射光

反射光是各种物体表面的太阳反光，主要影响物体的局部照明和色彩。其可以弥补直射光与散射光的缺陷，提高直射光下的暗部亮度，丰富影调层次，提高散射光下的局部亮度，可以相对增加反差和立体效果，但反射光线过强、过多容易形成“光污染”。

（二）光影形成及变化

建筑中的光与影天生成对、无法分离，没有阳光就没有阴影、没有阴影也无从谈起光影。要产生建筑光影就必须具备直射的阳光、产生阴影的构件、承受阴影的实体三个条件。没有承受阴影的实体，影子也无法依附。通常人们总认为有光、有实体就会有影子，但影子落在何处却心中无底。有时虽有实体，但人们没有经过仔细考虑，或颜色过重或反光太强、或凹凸太大，使得阴影不突出或支离破碎。因此，要使光影成为真正的艺术手段，影子的位置与质量要严格控制。

理查德·迈耶的作品对以上三个必备条件都进行了精心考虑，其作品中多种多样的构架、遮阳板及各种形状的平台和连廊都为落影提供了丰富的素材，同时还大量采用了白色实体墙面。

建筑光影构图主要有水平投影及垂直落影两种方式。水平投影伴随时间，光影可以覆盖地面、屋面，垂直落影可以区分立面层次、分布明暗区域、分配虚实面积。

（三）光对建筑形象表现的影响

光影是统率建筑材料及细部细节的有效方法之一。太阳升起之后，建筑所有构件都向同一个方向抛射出影子，这些影子有着共同的属性特点，人们运用光影可以使建筑材料及细部细节产生强烈对比，同时达到完美的统一，最终使建筑具有动感活力。

1. 光影突显建筑的体量

人从某一视点、视域看物体时，物体及其相邻背景存在着明暗、色彩、质感等差别，这就形成了物体轮廓和边界，人们会根据认知经验感知和分辨物体及背景的复杂关系。

形体给人初步印象，光影强化了形体的深度及体量。现代建筑之所以能给人以极大的震撼和难忘的印象，正是形体及光影作用的结果。解构建筑运用不规则形体及反光材料，使建筑显得既饱满又动态。如盖里设计的毕尔巴鄂古根汉姆博物馆，该建筑北侧邻水、逆光，主要立面终日处于阴影之中，形体为多向曲面形体，表面随阳光入射角度变化而变化，正是光影作用改善了北向大尺度建筑的沉闷感。

2. 光影表现建筑的虚实

光影可以同时表达空间的虚和形体的实。东方园林中的亭、台、楼、榭，疏密相间、曲幽相合，空间的虚实、明暗借助光影得到表现。

路易斯·康在孟加拉国议会大厦设计中运用光影变化使建筑如同一座雕塑。柯西耶在哈佛大学卡朋特视觉艺术中心设计中利用斜角墙面光影变化使建筑产生轻快节奏。赫尔佐格和德梅隆设计的葡萄酒厂，室外光线透过石头墙缝隙，产生了斑驳的影子，使得室内空间呈现出虚实变换。

3. 光影强化建筑的细部

“日光是雕刻，月光是绘画。”光线投射方向及强弱程度可以使凹凸起伏的形体表面产生阴影，从而使画面生动。一般金属的反光率比石材的高，光滑石材的反光率比粗糙石材的高，建筑可以利用材料反光及发光特性，在建筑视觉重点部位设置反光材料或涂刷发光涂料，从而刻画和活跃建筑细部。

4. *光影丰富建筑的色彩*

太阳升起以后，白天阳光穿过大气层投射到地球表面并在空气中扩散，波长较长的光扩散能力较弱，大部分投射到地面上呈现黄色（暖色），波长较短的光扩散能力较强，在天空中呈现蓝色，投射到背光处后呈现深蓝色（冷色）。由于阳光入射角度不同，所穿过的大气层厚度不同，所造成的反射光不同，加之色温影响，一天之中阳光会呈现出不同颜色。

中国江南传统建筑大都采用白墙青瓦，体现出无穷的色彩变化。美国白色派建筑师用雪白的建筑与天空、树木、玻璃等形成强烈对比，以追求一种高明度的色彩效果。

第二节　建筑材料与建筑设计

一、建筑材料分类

（一）砌体

1. *砖*

在人类历史的长河中，砖是一种历经千年而长盛不衰的建筑材料，是积淀了人类建材文化、建筑文化和工艺文化的“三化化石”。在我国，砖瓦有着非常悠久的历史，它起源于新时期时代，形成于先秦至两晋时期，兴盛于唐宋时期，并且在近现代又有了新发展。无论是从传统民居还是古典园林，皇家墓穴还是佛教寺庙都有砖的身影。一般来说，砖通常用于构建古代建筑的外部形象，内部构造以木材为主，这里采用的砖的种类多为青砖。从 20 世纪后半叶开始，全国建设规模不断扩大，混砖结构逐渐占据主导地位，该结构通过砖横向叠砌形成各种承重结构，用于单层或多层规模不大，造型简单的建筑。一些建筑立面以清水砖墙直接露明，铺设出凹凸纹样及肌理，而无须其他表面装饰。为了适应当代城市的建设发展需求，现在又出现了一批另类铺地砖。这些铺地砖不用黏土，而是用水泥浇制，如梭形道板砖和镂空草坪砖。如此“一砖两制”，既满足了停车路面硬化需要，又增加了绿地面积。

2. *石*

西方古典建筑充分利用石材创造了许多宏伟建筑。石材具有高强度和耐久特性，以石梁柱结构为主的建筑在造型和工艺都达到了非常高的标准，但是由于石材是脆性材料，其抗拉强度远远低于抗压强度，因此不可能建造出跨度较大的建筑，只以石柱间距很密的直道拱券、穹隆等结构体系出现。

（二）混凝土

混凝土这种材质以其可塑性和粗朴的质地成为很多建筑师“固执”坚守的设计语言。柯布西耶的设计风格发生改变的代表作品之一——朗香教堂，就是典型的混凝土建筑，它用粗制混凝土饰面，其象征性、可塑的造型、形式和功能、构造和技术堪称前所未有。弯曲的表面，朴素的白色，厚实的墙体，硕大的屋顶突出于倾斜的墙体之外，这种效果只有混凝土材质才能表现。日本著名建筑师安藤忠雄被誉为“清水混凝土的诗人”，其以清水混凝土独树一帜，如老僧入定般纯粹素净，他认为唯有至简所造就的纯净空间才能呈现事物的深度。

（三）钢材与金属

钢材具有结构自重较轻、强度高、韧性及变形能力强的特点，由于在施工过程中可以采用预置配件并进行现场组装，因此安装更加快速便捷。除此之外，钢结构工程大部分采用干作业施工，这样不仅可以减少废弃物对环境造成的污染，还可将材料进行回收，符合绿色环保的观念意识，满足生态环境需求，是非常热门的新型建材。钢材除了具有结构支撑作用，还能塑造出多种建筑形象，形成不同肌理的金属板材，从而创造出不同感觉的建筑立面，如高抛光的金属材质就能够表现出未来的高科技感，钢材等金属材质也经常与玻璃材质相结合，营造出现代感。

（四）玻璃

玻璃是一种古老的建筑材料，早在哥特式教堂里就以彩色玻璃为特殊围护材料，通过它影响光照和光色，产生神秘之感。到了现代，玻璃更是成为建筑不可缺少的材料，其表现形式多样，不仅在建筑外墙上有着丰富地应用，在屋顶、窗户、地面等建筑空间也应用广泛。玻璃通常与金属等其他材料配合使用，最常见的是钢材。1851 年建造的伦敦水晶宫则可谓是玻璃与钢作为现代材料首次大规模亮相于工业化时代的建筑杰作，这种材料的组合轻盈、脆弱、冷漠，同时表达了代表技术的理性力量。著名现代主义建筑大师密斯也是这种组合材料的推崇者，其将这种材质的细节进行了完美表达。

如今，最常见的此类建筑形式是玻璃幕墙形式，通常是用不锈钢、铝合金等作为金属结构支撑玻璃，主要用在高层公共建筑中。除此之外，还有其他玻璃形式的材质，如玻璃砖，它具有质轻、采光性能强、隔音与不透视、便于装配等特性，因其规律化的肌理和含蓄的光影效果，也一直被设计师所青睐。

（五）木材

木结构是中国古代地上建筑的主要结构方式，在我国古代，几乎大部分的建筑都采用的是木质结构，直至今日，我国传统建筑仍用“土木”这个中国传统建筑概念来表达与西方石结构建筑特征的区别。木结构体系的产生与自然气候、地理环境密不可分，木构架通常就地取材。

以木头为材质的结构表现主要有两种。

一种以柱为承重结构，形成柱、梁坊承重体系，类似现代的框架结构，承重与围护分开，在很大程度上解放了空间，柱间墙体的开放和围合，增加了建筑形态的多样性，不仅符合适应气候条件，满足不同功能的原则，同时也顺应了人的审美需求。传统榫卯的连接方式与“板上钉钉”的连接方式完全不同，前者为半刚性连接，后者为刚性连接，在装配拆卸方面，显然前者更具优势。在现代建筑设计中，尤其是“环境建筑”为了体现拥抱山水的自然境界，设计师会采用返璞归真的木结构建筑。例如，我国当代著名建筑师张永和的“二分宅”以泥土和木头作为主要建筑材料，以木柱和木梁形成框架结构，两道“L”形的夯土墙构成了建筑的基本形态，其面向庭院景观的那面采用落地玻璃。

另一种以墙为承重结构，将木材层层摞叠成建造墙体并承重，至今位于高纬度的森林茂盛地区，仍常用这种木结构形式建造居民住宅。

（六）其他材料

由于科学技术进步与人们环保意识不断加强，新兴材料也随之不断出现，这些材料主要体现在生态建筑、绿色建筑及实验智能型的建筑上，具有前瞻性。例如，由美国设计实验的 M-2 生态友好型房屋，它采用预制标准件板材，因组件数量和组合方式的不同，其形状和支撑框架也并不一样。

二、建筑材料基本性质

（一）物理性质

1. 材料与质量有关的性质

广义的密度概念是指物质单位体积的质量。在研究建筑材料的密度时，由于体积测定方法不同和实际应用的需要，根据不同的体积内涵，可引出不同的密度概念。

①密度。密度是指材料在绝对密实状态下（不包括孔隙在内）单位体积的质量。绝对密实状态下的体积是指构成材料的固体物质本身的体积或不包括孔隙在内的体积。

②表现密度。表现密度是指材料在自然状态下（包含内部闭口孔隙）单位体积的质量。使用密实材料时人们直接以排液法求得的体积作为材料在自然状态下（包含内部闭口孔隙）的体积。

③体积密度。体积密度是指材料在自然状态下（包含内部闭口孔隙和开口孔隙）单位体积的质量。

④堆积密度。堆积密度是指散粒状材料在规定装填条件下（包括散粒材料中颗粒在自然状态时体积和颗粒之间空隙的体积）单位体积的质量。

2. 材料与体积有关的物理性质

①密实度。密实度是指材料体积内被固体物质充实的程度。材料由固体物质和孔隙两部分组成,固体物质的比例越高,材料就越密实,表现密度也就越大。

②孔隙率。孔隙率是指材料中孔隙体积与材料在自然状态下的体积之比的百分率。

③空隙率。空隙率是指在堆积体积中，散粒材料颗粒之间的空隙体积所占的比例。空隙率的大小反映了散粒状材料颗粒之间互相填充的程度。空隙率可以作为控制混凝土骨料级配及计算砂率的依据。

3. 材料与水有关的性质

（1）亲水性与憎水性

材料在空气中与水接触时，根据其是否能被水润湿，人们将材料分为亲水性材料和憎水性材料两大类。当材料分子与水分子间的相互作用力大于水分子间的作用力时，材料表面就会被水润湿。此时，在材料、水和空气的三相交点处，沿水滴表面所引切线与材料表面所成的夹角即润湿角 θ，其角度不大于 90°，这种材料属于亲水性材料。

如果材料分子与水分子间的相互作用力小于水本身分子间的作用力，则表示材料不能被水润湿，此时其润湿角 θ 大于 90° 小于 180°，这种材料称为憎水性材料。

（2）吸湿性与吸水性

①吸湿性。材料在潮湿空气中吸收水分的性质称为吸湿性。一般来说，细小开口连通孔的亲水性材料都具有较强的吸湿性。影响材料吸湿性的因素，除材料本身（化学组成、结构、构造、孔隙）外，还有环境的温湿度。材料堆放

在工地现场，不断向空气中挥发水分，同时从空气中吸收水分，其稳定的含水率是达到挥发与吸收动态平衡时的一种状态。在混凝土的施工配合比设计中，要考虑砂和石料含水率的影响。

②吸水性。材料在水中吸收水分的性质称为吸水性。材料吸水性的大小用吸水率表示。吸水率有质量吸水率和体积吸水率两种。

（3）耐水性

耐水性是指材料长期处于水的作用下不破坏且强度也不显著降低的性质，它表示材料抵抗水破坏的能力。材料含水后强度往往有不同程度地降低。

（4）抗渗性

抗渗性是材料抵抗有压力介质（水、油）渗透的性质。地下建筑物、水工建筑物或屋面所用材料应具有足够的抗渗性，以防渗水、漏水现象。

材料的抗渗性主要与材料的孔隙特征有关。材料的孔隙率越大，连通孔隙越多，其抗渗性越差。绝对密实的材料和仅有闭口孔或极细微孔的材料通常不渗水。

（5）抗冻性

抗冻性是材料在多次冻融循环作用下不破坏且强度不显著降低的性质。

建筑物或构筑物在自然环境中，温暖季节被水侵蚀，寒冷季节又受冰冻，如此多次反复交替作用，会使材料孔隙内壁因水结冰导致体积膨胀（约 9%）而产生高达 100 MPa 的应力，从而使材料产生严重破坏。同时，冰冻也会使墙体材料由于内外温度不均匀而产生温度应力，进一步加剧破坏作用。

4. 材料与热有关的性质

（1）导热性

导热性是指材料传导热量的能力，其大小用导热系数 A 表示。导热系数的物理意义：单位厚度（1 m）的材料，当两个相对侧面温差为 1 K 时，在单位时间（1 s）内通过单位面积（1 m^2）的热量。

热导率越小，材料绝热性能越好。材料受潮或受冻后，绝热性能显著下降，其导热系数会大大提高。

影响导热系数的因素有材料的成分、孔隙率、内部孔隙构造、含水率、导热时的温度。一般无机材料的导热系数大于有机材料；材料的孔隙率越大，即空气越多，导热系数越小；同类材料孔隙率随体积密度的减小而增大，而导热系数随体积密度的减小而减小；一般人们认为有微细而封闭孔隙的材料，导热系数小，反之则大；材料的含水率增加，导热系数也增加；大多数材料的导热系数随温度的升高而增加。

（2）热容量

热容量是材料加热时吸收热量、冷却时放出热量的性质。其大小用比热容 C（比热）表示，其含义是指单位质量的材料温度升高 1 K（或降低 1 K）时所吸收或放出的热量。

材料热容量大，则材料在吸收或放出较多的热量时，其自身的温度变化不大，即有利于保持室内温度相对稳定。

（二）力学性质

1. 强度和比强度

（1）材料的强度

材料抵抗因外力（荷载）作用而引起破坏的能力称为强度。当外力增大到某一程度时，材料被破坏，这时材料单位面积上所承受的力为极限强度。外力（荷载）作用的主要形式有拉力、压力、剪力和弯矩四种，因而对应的强度种类有抗拉强度、抗压强度、抗剪强度和抗弯强度。

材料的强度主要取决于它的组成和结构。一般来说，材料孔隙率越大，强度越低。另外，不同的受力形式或不同的受力方向，强度也不相同。

影响材料强度试验结果的因素如下。

①试件的形状和大小：一般情况下，同种材料，棱柱体试件的强度小于同样尺度的正方体试件的强度，体积大的试件强度小于体积小的试件强度。

②含水状况：含有水分的试件强度小于干燥的试件强度。

③表面状况：表面摩擦力大的试件强度大于表面摩擦力小的试件强度。

④温度：一般温度升高，强度降低，如沥青混凝土，但钢材在温度下降到某一负温时，其强度会突然下降很多。

⑤加荷速度：一般试验时，加荷速度越快，所测试件的强度越高。

（2）材料的比强度

比强度是按单位体积质量计算的材料强度，即材料的强度与其表观密度之比，它是衡量材料轻质高强的一项重要指标。比强度越大，材料的性能越好，即表明达到相应强度所用的材料质量越轻。优质的结构材料应具有较高的比强度，这样才能尽量以较小的截面满足强度要求，同时可以大幅度减小结构体本身的自重。轻质高强的材料是未来建筑材料发展的主要方向。

2. 弹性和塑性

（1）弹性

材料在外力作用下产生变形，当外力取消后，材料变形即可消失并能完全恢复原来形状的性质，称为弹性。这种当外力取消后瞬间即可完全消失的变形被称为弹性变形或可恢复变形。弹性材料的变形曲线，其加荷和卸荷是完全重合的两条直线，表示其变形的可恢复性。该曲线与横轴夹角的正切，称为弹性模量，弹性模量值越大，说明材料在相同外力作用下的变形越小。

（2）塑性

材料在外力作用下产生变形，当外力消除后，仍能保持变形后的形状和尺寸且不出现裂缝的性质，称为塑性。这种不可逆的变形称为塑性变形。实际上，完全的弹性材料或塑性材料是不存在的，许多材料在受力不大时，仅产生弹性变形，可视为弹性材料；当受力超过一定限度后，便出现塑性变形，如低碳钢。

3. 脆性和韧性

（1）脆性

脆性是材料在荷载作用下，在破坏前没有明显预兆（即塑性变形），表现为突发性破坏的性质。无机非金属材料（如砖、混凝土、石材、陶瓷和玻璃等）多属于脆性材料。

（2）韧性

韧性是材料在冲击、振动荷载作用下，能承受很大的变形而不发生突发性破坏的性质，又称为冲击韧性。其抗拉强度接近或高于抗压强度，如木材、钢材、沥青、橡胶与塑料等均属于韧性材料。

在建筑工程中，对于要承受冲击荷载和有抗震要求的结构，如吊车梁、桥梁、路面等所用的材料，都要考虑材料的韧性。

4. 硬度和耐磨性

（1）硬度

硬度是材料表面能抵抗其他较硬物体压入或刻划的能力。木材、金属、混凝土等的硬度，常用压入法来测定。压入法硬度的指标有布氏硬度和洛氏硬度，它等于压入荷载值除以压痕的面积或深度。而陶瓷、玻璃等脆性材料的硬度往往采用刻划法来测定，称为莫氏硬度，根据刻划矿物（滑石、石膏、磷灰石、正长石、硫铁矿、黄玉、金刚石等）的不同其分为 10 级。材料的硬度越大，则强度越高，耐磨性越好。

（2）耐磨性

耐磨性是材料表面抵抗磨损的能力，通常用磨损率表示。一般情况下，孔隙率小的材料吸水性小、导热性好、强度和硬度高、耐磨性好，反之则较差。

（三）耐久性

1. 耐久性的影响因素

（1）内部因素

①当材料的组成成分易溶于水或其他液体或与其他物质发生化学反应时，则材料的耐水性、耐化学腐蚀性差。

②无机非金属脆性材料在温度剧变时易产生开裂，即耐急冷、急热性差。

③有机材料如沥青、塑料抗老化性差。

（2）外部因素

①化学作用，包括各种酸、碱、盐及其水溶液与各种腐蚀性气体，它们都对材料具有化学腐蚀作用和氧化作用。

②物理作用，包括光、热、电、温度差、干湿变化、冻融循环、溶解等，可使材料内部产生裂纹或孔隙率增加等。

③机械作用，包括冲击、疲劳荷载，各种气体、液体及固体引起的磨损等。

④生物作用，包括菌类、昆虫等，可使材料产生腐朽、虫蛀等。

混凝土的耐久性，主要以抗渗性、抗冻性、抗腐蚀性和抗碳化性所体现。沥青的耐久性则主要取决于大气稳定性和温度敏感性。钢材的耐久性，主要取决于其抗锈蚀性。

2. 耐久性测定

测定耐久性最可靠的判断是在使用条件下长期观测，但这需要很长的时间，通常应根据使用条件的要求，在试验室进行快速试验，人们根据试验结果对材料的耐久性进行判断，其试验项目主要有干湿循环、冻融循环、碳化、化学介质浸渍、加湿与紫外线干燥循环等，如人们常用软化系数来反映材料的耐水性；用实验室的冻融循环（数小时一次）试验得出的抗冻等级来说明材料的抗冻性；采用较短时间的化学介质浸渍来反映实际环境中的材料长期腐蚀等内容。

第三节　建筑设备与建筑设计

一、建筑设备

（一）给水排水工程

1. 用水标准

生活用水的给水系统，其供水水质必须符合现行的《生活饮用水卫生标准》的要求；专用的工业用水给水系统，其水质标准应根据用户的要求确定。综合生活用水（包括居民生活用水和公共建筑用水）是居民日常生活用水及公共建筑和设施用水的总称。居民综合生活用水定额应根据当地国民经济和社会发展、水资源充沛程度、用水习惯，在现有用水定额基础上，结合城市总体规划和给水专业规划，本着节约用水的原则，综合分析确定。

最高日供水量与平均日供水量的比值称为日变化系数；最高时供水量与该日平均时供水量的比值称为时变化系数。城市供水的日变化系数与时变化系数应根据城市性质和规模、国民经济和社会发展、供水系统布局，结合现状供水曲线和日用水变化分析确定。在缺乏实际用水资料的情况下，最高日城市综合用水的时变化系数宜采用 1.2 ~ 1.6；日变化系数宜采用 1.1 ~ 1.5。

2. 设计水量

设计供水量由下列各项组成。

①综合生活用水是居民日常生活用水及公共建筑和设施用水。

综合生活用水量 = 综合生活用水定额 × 供水系统服务人数

②工业企业用水是指工业企业生产过程和职工生活所需用水。工业企业用水量应根据生产工艺要求确定。大工业用水户或经济开发区适宜单独进行用水量计算；一般工业企业的用水量可根据国民经济发展规划，结合现有工业企业用水资料分析确定。

③浇洒道路用水是指对城镇道路进行保养、清洗、降温和消尘等所需用的水。浇洒道路和绿地用水量应根据路面、绿化、气候和土壤等条件确定。

④绿地用水是指市政绿地等所需用水。

⑤管网漏损水量是指水在输配过程中漏失的水量。城镇配水管网的漏损水量一般可按① ~ ④水量之和的 10% ~ 12% 计算，当单位管长供水量小或供水压力高时可适当增加。

⑥未预见用水是指在给水系统设计中，对难于预测的各项因素而准备的水量。未预见水量应根据水量预测中考虑难以预见因素的程度确定，一般可采用 1 ~ 5 水量之和的 8% ~ 12%。

⑦消防用水消防用水量、水压及延续时间等应按现行国家标准《建筑设计防火规范（2018 年版）》（GB 50016—2014）的规定执行厂设计规模，应按 1 ~ 6 的最高日水量之和确定。

（二）建筑消防

在城市、居住区、工厂、仓库等场所进行规划和建筑设计时，必须同时设计消防给水系统。城市、居住区应设置市政消火栓；民用建筑、厂房（仓库）、储罐（区）、堆场应设置室外消火栓；民用建筑、厂房（仓库）应设置室内消火栓；存有与水接触能引起燃烧爆炸的物品的建筑物和室内没有生产、生活给水管道，室外消防用水取自储水池且建筑体积小于等于 5 000 m^3 的其他建筑可不设置室内消火栓。

1. 设置场所

下列建筑或场所应设置室内消火栓系统。

①建筑占地面积大于 300 m^2 的厂房和仓库。

②高层公共建筑和建筑高度大于 21 m 的住宅建筑。

③体积大于 5 000 m^3 的车站、码头、机场的候车（船、机）楼、展览建筑、商店建筑、旅馆建筑、和图书馆建筑等单层或多层建筑。

④特等、甲等剧场，超过 800 个座位的其他等级的剧场和电影院等，还有超过 1 200 个座位的礼堂、体育馆等单或多层建筑。

⑤建筑高度大于 15 m 或体积大于 1 000 m^3 的办公建筑、教学建筑和其他单或多层民用建筑。

2. 消防水量

消防给水和消防设施应根据建筑的用途及其重要性、火灾危险性、火灾特性和环境条件等因素综合设置。

建筑的消防给水和其他主动消防设施设计应充分考虑建筑的类型及火灾危险性、建筑高度、使用人员的数量与特性、发生火灾可能产生的危害和影响、建筑的周边环境条件和需配置的消防设施的适用性，使之既能快速控火、灭火或早报警、早疏散人员，及时排烟，又节约资源，保障建筑消防安全。

建筑室内外消火栓系统、自动喷水灭火系统、水喷雾灭火系统、气体灭火系统、泡沫灭火系统、细水雾灭火系统、火灾自动报警系统和防排烟系统及建筑灭火器的配置设计等，均要按照国家现行有关标准的要求进行。

3. 消防水压

（1）室外消防水压

室外消防给水系统按管网水压可分为低压、高压和临时室外高压消防给水系统。

①低压。低压室外消防给水系统，管网低压运行，消防时由消防车的水泵加压。

②高压。高压室外消防给水系统，管网平时水压保证最高处水枪灭火要求，充实水柱不小于 10 m。消防时由室外消火栓接出水带就可以进行灭火。

③临时高压。临时高压室外消防给水系统，管网平时水压不保证最不利点灭火要求，灭火时启动消防泵加压，使管网满足消防水压。

（2）室内消防水压

室内消火栓给水系统可分为高压和临时高压室内消防给水系统。

①高压。高压消防室内给水系统始终保持灭火所需水压和水量，使用时不需启动消防泵加压，采用高压给水系统时，可不设高位消防水箱。

②临时高压。当采用临时高压室内给水系统时，应设高位消防水箱，高位消防水箱的设置高度应保证最不利点消火栓静水压力。当建筑高度不超过 100 m 时，高层建筑最不利点消火栓静水压力不应低于 0.07 MPa；当建筑高度超过 100 m 时，高层建筑最不利点消火栓静水压力不应低于 0.15 MPa。当高位消防水箱不能满足上述静压要求时，应设增压设施。

二、建筑设计

（一）初步设计阶段

初步设计阶段是设计过程中的一个关键性阶段，也是整体设计构思基本成型的阶段。

初步设计首先要考虑建筑内部各种使用功能的合理布置，同时还要考虑各部分房间和空间相互的交通联系，与使用功能布局同时考虑的还有不同大小、不同高低空间的合理组合问题；其次要合理选择建筑物的结构形式；最后要推敲和装饰内部空间与外部形体的形式。

初步设计阶段还应该考虑一些带有全局性的问题，如防火和抗震措施、材料的选择、各种设备选型、工程概算及主要经济技术指标分析等。

初步设计文件是报请投资部门、建设主管部门及有关部门审批的文件，应符合要求，内容齐全。

1. 初步设计文件的深度要求

①经过比选，确定方案。

②确定土地征用范围。

③据以进行主要设备及材料订货。

④确定工程造价，据以控制工程投资。

⑤据以进行施工图绘制。

⑥据以进行施工准备。

2. 建筑初步设计文件的内容

①设计说明书。

②设计图纸，包括总平面图、平面图、立面图、剖面图及透视图和模型。

③工程概算。

（二）技术设计阶段

技术设计阶段是初步设计具体化的阶段，也是各种技术问题的定案阶段。技术设计的内容包括整个建筑物和各个局部的具体构造、各部分确切的尺寸关系、外部装修设计、结构方案计算、各种设备系统设计和计算、各专业之间各种矛盾的合理解决，编制设计预算等。对于普通的和常规的工程，技术阶段可以省略。

（三）施工图设计阶段

施工图设计阶段是整个设计工作的深化和具体化，建筑师通过图纸把意图和技术处理结果全部表达出来，作为施工作业的依据。这个阶段是设计工作和施工工作的桥梁。

（四）建筑平面设计及表达

建筑平面设计的主要任务是根据建筑的使用功能要求和基地条件确定建筑平面中各组成部分的形状、大小及其相互关系，通常用平面图来表示。平面设计是整个建筑设计的一个重要组成部分，它对确定设计方案常常起着决定性作用。在进行平面设计时人们需要着重考虑以下问题。

①分析基地条件和环境的要求，根据基地的自然条件和特点进行设计，使

建筑平面布局与周围环境相适应，并注意节约用地。

②认真分析建筑物的使用功能要求（包括使用面积、人流和货流路线、日照、采光通风、隔音等），并在平面设计中加以妥善解决。

③考虑结构选型和设备设施布置的合理性，并为施工创造有利条件。

④尽量节省交通面积和结构面积，努力提高平面利用系数，降低工程造价，节约投资。

⑤考虑建筑体型组合与立面处理的要求，并为体型设计和立面处理提供良好条件。

（五）单一房间的设计

1. 房间的平面形状

房间的平面形状是由使用功能、感观效果、结构形式和房间之间的不同组合等因素所决定的。房间的平面形状一般多采用矩形，因为矩形平面利于家具摆放，同时矩形平面的房间结构简单，施工方便，房间之间组合简洁。矩形平面的长宽比例应根据使用要求确定，一般不宜采用正方形和过于狭长的长方形平面。正方形平面方向性差，没有主次感，是一个不稳定的平面形式；过于狭长的长方形平面常给人以狭窄和局促的感觉。同时，交通路线较长，不利于家具布置。

由于使用功能，平面组合和建筑物整体体型等方面的需要，房间的平面形式有时也采用一些其他形状的平面形式，因此采用特殊形式的平面常常会给人以新鲜感。

2. 房间的大小

室内家具布置和必要的活动空间是决定房间大小的主要依据。建筑师在确定房间的大小时首先要了解房间内应设家具的数量和规格、活动的人数和范围，研究其布置方式和人流的活动路线，努力做到家具摆放合理，人流路线简捷，活动方便，节约使用面积。

房间的开间和进深尺寸在满足使用要求的条件下，还必须符合建筑模数的要求，对于房间的开间和进深，应符合 3 M、6 M、15 M、30 M 和 60 M 的模数数列（M=100 mm），也就是说房间的长和宽应为 300 mm 的倍数。

在民用建筑中房间的使用面积占总建筑的 65% ~ 70%，房间的大小不仅会影响使用效果，对整个建筑的经济性影响也很大。因此，设计时必须考虑实际需要及国家的有关规定，力求节约，反对贪大、求全和追求高标准，避免搞奇形怪状，浪费使用面积和资金。

3. 门的位置、大小和数量

房间的使用效果不仅与房间的尺寸和形状有关，而且与门的位置也有着一定关系。设置房间门的位置时主要考虑的因素是人流活动特点，应尽可能缩短室内的交通路线，使活动空间集中，充分发挥房间面积的使用效果。同时，设计时也应考虑安全疏散的问题。门的位置还应考虑家具布置的要求，既满足家具合理布置要求，又可以使家具的位置能灵活变动。

房间门的数量要根据室内活动人数、房间面积及使用性质来确定。使用面积超过 60 m^2，使用人数超过 50 人的房间应设两个或两个以上的门，房间门的宽度应根据使用性质和使用人数等情况确定。

4. 窗的大小、位置和形状

窗的大小主要取决于室内采光和通风的要求。民用建筑中各种不同性质房间的采光要求——采光系数或窗地比，在建筑设计中都应有明确规定。窗在平面中的位置将影响室内横向采光的均匀性，一般宜布置在房间的居中位置。

窗的位置和大小，除了考虑采光和通风的要求之外，还要考虑结构的合理性及立面效果需要。窗的形状多采用矩形，因为矩形窗构造坚固，施工方便，并且在同样的高宽情况下光通量最大。但有时为了使立面存在变化，也采用圆形、半圆形、三角形、多边形等。

窗扇的开启方向应满足不影响室外交通和安全及易于清洁等要求。因此，多层及高层建筑宜采用内开窗或推拉窗，开向公共走道的窗扇其底面高度不应低于休息平台。供残疾人使用的坡道长度超过 9 m 时亦应设休息平台，平台的宽度应根据所需缓冲要求而定，坡道应设防滑地面。

第五章　景观艺术视角下的建筑设计

在工商业高度发展的今天，城市人口过于集中化，公害、污染日趋严重，自然环境遭受破坏，环境品质逐渐降低，人类生存环境受到很大威胁，给人们带来了许多烦恼与恐慌。几经磨炼后，人们才逐渐明白环境品质及生活空间品质的重要性。基于景观艺术视角的建筑设计就是对环境及居住空间进行合理的保护与设计。本章将运用景观艺术视角分别从景观建筑中的艺术内涵、建筑景观的艺术表达及建筑设计与景观艺术的统一三个方面进行讨论。

第一节　景观建筑中的艺术内涵

一、景观建筑设计的艺术渊源

最初的景观建筑设计要从人们产生描绘自身环境的意识开始，无论是对当时聚居的场面进行记录，还是对狩猎的场景进行刻画，人们都能通过艺术作品表现出来，因此艺术也被当成是人们描绘生活环境的重要手段。有不少艺术学者认为早期的艺术更加注重实用性的特点，例如法国艺术史家艾黎·福尔在其著作《法国人眼中的艺术史》中就强调动物图像主要是为了满足人类的狩猎欲望而产生的，英国艺术史家贡布里希也认为早期艺术的实用性远大于其美学意义。但是，随着美学观念不断深化，艺术的内涵中融入了审美的思想，艺术从最初的实用性特点逐渐向审美方向转移，最终被提炼成一种反映各种理念与审美图式的唯美追求。此外，建筑和景观也被纳入了艺术的范畴，不仅注重形式上的美观，还都具有功能性和象征意义，富含强烈的艺术表现力。

对于建筑来说，景观设计是一项具有可持续设计思想和有着极高包容度的前瞻性生态规划。随着现代城市的快速发展，只追求向高空发展的纵向建筑已经不能满足人们的需要，设计建筑时还应将建筑同自然环境、周边环境相结合，充分考虑建筑、景观、生态、城市等多元角度，建造出与时代相适应的景观建筑。

景观建筑设计作为一种空间艺术，能够对社会的价值观和生活时尚等进行全面的总结和反映，其所要追求的最终目标是人对于场地与环境的依托和意义，这是建筑师在构筑空间与形式要素时所进行的感性认知，是受全球化和信息时代的影响而形成的。从艺术的评价标准和获取灵感的方式来看，“美”不再是评判景观建筑艺术唯一的标准和目的，人们获取灵感的方式也从原来的一维体系扩增到多维体系，涉及绘画、雕塑、舞蹈等各种领域。可以说，景观建筑设计无论是最初的景观、建筑“过渡带”，还是如今的相依相长，它对艺术的这种本质的诠释已经证明了其悠久的艺术渊源。

二、景观建筑设计艺术的表现维度

（一）哲学层面

景观建筑设计不是一种简单的空间规划活动，它还凝聚了人类对于理想生活的诉求，并且通过时间变迁，这种诉求感越来越强烈，人们的意识观念也在更迭变化中赋予了景观建筑设计新的含义。也就是说，在景观建筑设计艺术中，各种维度层面的文化观念都能借助这一途径进行更为深刻的表达。

在哲学层面观察景观建筑设计，用一种系统化、理论化的方式来阐释其中的艺术内涵，有利于我们从更深层的角度来分析和认识景观建筑作品的内在结构，或者以此为契机建立一个集多种维度于一体的平台，用更加理性的方式探寻景观建筑设计对于自然、人类及其内心的意义。

从最初的探索世界“本原”问题之始，人类就试图通过用自然来解释自然，这与人类的自然崇拜意识有着很大联系，人们在无形中建立了与景观的对话渠道，并通过各种手法，真正实现了人类与自然相互融合。以哲学思想来充当人与自然的对话“桥梁”，对世界本原及其运作规律进行深层次的探索，是景观建筑设计艺术中最为深奥的内涵体现。

以园林景观建筑为例，用哲学的思想来分析园林景观建筑形态，可以将其分为两大阶段：以理性为主的古典园林和以浪漫气息为主的自然风景园林。其中，古典园林的理论根源就是以理性的思维来探索世界真理的存在。每一个哲学问题的研究过程中都需要理性地思考，无论是探寻哲学的发展史还是解答各种问题的本质，人只有透过理性才能找出其中的真谛。

古典园林是基于理性的景观建筑，它最大的特点就是一切设计都是按照自然规则来完成的，园林的整体要融于自然、顺应自然及表现自然，使其整体构造符合一定的自然规律，展现“自然之美”。而以浪漫气息为主的自然风景园林，其所遵循的设计思想深受经验主义哲学的影响，尊崇一种“我们掌握的全部知识（逻辑和数学除外）都是源于经验而非凌驾于经验之上”的天赋原则，在自然风景园的设计中添加一些“非规则”的元素，既充满了浪漫主义色彩，又使得园林景色与自然相融。

由于人类科学进步，以往那种用宗教和超自然力量来解释的时代已经被如今的科学研究所取代，人们的审美形态也经历了从对形而上学的崇拜到对自身经验的品读。在对园林景观建筑的分析中，我们可以体会到哲学对于景观建筑的影响是非常深远的。

（二）社会层面

景观建筑设计不仅是哲学层面的艺术，从社会层面来说，也有着较为深刻的意义。从表面来看，景观设计作品是表达设计师个人思想的外在渠道，但这并不仅限于设计师个人，在反映社会与时代的特性上也起着一定的作用。如果将景观建筑作品作为一种重要的符号媒介，在其身上做出经济、政治、科学实践等社会内容表达，并进行一定的文化内涵转化，可以在很大程度上推动社会文化发展。

当代社会已由缓慢的工业社会进入各种知识飞速发展交替的信息社会，景观设计作为全面反映社会价值观与生活时尚的艺术活动，在信息时代和全球化背景下，已由早期浪漫或古典的田园营造，转变为由电子媒体、互联网、环球交流及可视和无形物质快速交换组成的时空景观。同时，当代景观也在努力营造一种反城市化，使景观被视作一个庞大的日用品来看待，甚至其被描述为“一个逃离现代弊端和对未来焦虑的场所。”再加上当今娱乐和旅游业空前发展，产业和利益的价值推动景观发展到消费者与生产者的层次，因而也就给景观设计带上了更多的娱乐性、戏剧化色彩。

随着全球化逐渐完全替代现代化而成为一种新的社会语境，城市问题越发成为全球化矛盾的焦点，在消费主义的带动下，大众媒体与大众文化成为社会发展的主导，对于公共精神的提倡也逐渐成为景观设计师所尊崇的设计信条，更加生活化、随意而亲近的景观形态渐成流行的趋势。

除此之外，由于意识形态集中能够反映社会的经济基础，而每个社会统治阶级的意识形态，也占据了社会统治地位的意识形态。因此，在社会政治和相关的意识形态下，景观建筑设计可以反映不同社会阶层的社会愿望。例如，北京古城以永定门——正阳门——紫禁城为中轴，呈对称布局，紫禁城位于中轴北端，是全城的重点，南北纵长约 960 m，东西约 760 m，矩形平面，其建筑群基本采取沿轴线南北纵深发展，对称布置的方式，这种严格的中轴对称反映出当时的社会阶层关系，反映出统治阶级至高无上的统治地位，是对封建制度的一种政治回应，除了紫禁城，其他建筑一般采用统一的蓝砖灰瓦、四合院模式，宛如军队般陈列着，在紫禁城前表现出低微和恭顺。

而具有专制荣耀的法国古典主义宫苑——凡尔赛宫，同样在设计中运用了中轴线，雕刻、水池、喷泉、花坛等沿中轴线依次展开，其余部分都用来烘托轴线，豪华的宫殿给人的总体印象是广阔、壮丽，充斥着装饰性舞台道具的感觉，它是统治者路易十四的权力和意志的象征。

（三）文化层面

在当代景观建筑设计的思潮中，人们其实更加看重景观建筑文化的历史沿袭性，即景观建筑对传统文化及历史主义的适从。我们所倡导的景观建筑文化承认不同民族文化的差异性，反对统一的审美时空观和国际大同的观念。只有遵循地域与时空的限制，在设计过程中体现审美活动中的怀旧成分，才更有利于推动景观建筑发展。但需要注意的是，历史主义的创作观念并不要求人们全方位地进行传统的复兴，也不提倡把古典式样作为一种完美范式来模仿，它更加注重人们的直觉体验，“历史”可以被当作参考的对象，或者在建筑中能够体现出“传统”与“现代”的结合，设置各种历史性的建筑主题等。

（四）生态层面

生态问题是景观建筑设计中非常重要的存在，这与现代社会快速发展所带来的一系列环境危机有关，同时也受到新型生态学说的影响。在这样的时代背景下，景观建筑设计不仅要考虑由社会消费观所产生的生活模式及可持续发展观念转变，还要使用适宜的技术。

当代景观设计的生态取向主要表现在与高科技相结合的生态景观设计、地域文化景观保护，还有涵盖社会文化、经济、政治等层面的综合生态系统建构等方面，尤其是人对可持续的生态景观设计的关注。

生态景观设计的不断完善与细化是基于先辈们所创造的丰硕成果之上的。时至今日，将生态意识融入景观设计，从根本上颠覆了传统的设计理念。

首先，其在形态层面具体表现为生态公园、湿地、绿色廊道等不断建立。传统的以人的活动为主导的绿色空间设计模式，逐渐转变为尊重自然物种的生存权利，以构建自然栖息地和生态调节系统为主的设计取向，极大改变了城市自然景观的格局。

其次在功能方面，许多生态公园、生态治理的系统及其艺术景观，承担了教育公众、普及生态价值观念的功能。例如，成都府南河生态公园改造，将景观艺术表现、游憩与污水治理工艺相结合，既叙述了人类工业时期对环境造成污染的历史，也展示了绿色文明下人类对追求可持续发展的未来的渴望。

第二节　建筑景观的艺术表达

一、表达机制

首先是构成要素。要想更好了解建筑景观的表达机制，我们需要先从构成要素着手，这与我们研究语言学是一样的道理，只有掌握了字母才能组成单词，只有掌握了语言的行文法则才能构成句子甚至是文章。在建筑景观设计中，其构成要素可以通过两个层面来分析：一是形式层面，二是内涵层面。下面进行具体的分析。

①形式层面。形式，顾名思义是事物的外在表象，人们了解一个物体通常是先认识其表象再深入其内涵，建筑景观设计也不例外。在建筑景观中，形式层面的要素是通过美学表现来引人注意，也就是说，受众对景观建筑的外在形式表现出的一定的兴趣，这恰恰构成了受众与建筑设计师沟通的渠道，前者通过愉悦感官来品读建筑作品的内在含义，后者通过建筑作品的外在形式表达内心思想。除此之外，景观建筑的文化内涵也是通过其形式表象传达的，而这种形式正是文化内涵赖以生存和借以表达的物质媒介。

②内涵层面。对于景观建筑设计来说，追求完美的外在形式是为了进行更好的表达，这就是构成要素的另一层面——内涵层面。内涵层面是连接景观建筑实物与价值导向的主要环节，分为语义和语境两个方面。

第一，语义是景观符号所携带的概念与含义，是客观的意义呈现，而语境则是让这些要素所传达的意义得以被正确理解的基础，是主观的理解接受。只具有景观符号的语义是不能被正确理解的，人们需要将其放入正确的文化背景中去理解。以上这些都是景观设计文化内涵表达的重要因素。

第二，是组织模式。组织模式即生成机制，也就是对构成要素之间的关系进行挖掘。景观设计的本质可以被看作是一种语言符号现象，其文化表达的过程实际上就是基于符号要素的信息传达过程。因此，人们往往借鉴符号学的源起理论（也是符号学结构框架的基础组成）——语言学中有关单词如何构成词组、词组又如何构成句子这样逐层深入的语法规则，来理解景观设计要素的编排规则及景观作品内在文化意义的表达机制。一个句子的生成过程不仅需要不同的词语成分，还需要一定的组织规则（即句法），二者共同构成了复杂的结构关系。建筑景观设计同句子一样，也需要一套适当的“句法”将设计要素进行合理的组织与安排。“句法”能帮助我们将字母构成词汇、将词汇构成词组、将词组构成句子，一个完整的表达是由构成要素依照特定规则组合而成的，不同的句法规则会产生多种组合方式。用语言学的转化规则来研究建筑景观的文化内涵，其意义主要体现在以下两个方面。

一方面，它帮助人们梳理了文化表达的途径，也就是说，通过转换规则，蕴含特定文化意义的深层关系可以被转换为文字、声音或形式等表层内容，即抽象转换为具体、概念转换为形式。抽象的关系可以通过逐层的“转换”表达出来，且更加具体化、具象化，这也是语言符号学的核心意义，即符号的意指性。

另一方面，景观设计的文化表达也是逐层转换的过程，人们通过对表层形式关系的塑造表达深层的文化内涵。例如，中国古典园林营造善“以物比德”，如将松、竹、梅比喻为“岁寒三友”，因其清秀素洁、迎霜雪而不凋，故常植于园中用于咏志抒怀，象征园主人的高洁品格。在这里，园主对高尚情操的追求（深层关系）是通过植物（表层关系）表达出来的，这种非语言的艺术化表达更加意蕴深远。植物在此成为文化表达的符号媒介，同时也就具有了文化性。

当然，景观设计相对语言学又有所不同，因为它的形式要素生来就具有实体性和审美价值，所以哪怕最小的元素可能都具有重要的形式表现力。在景观设计的文化表达过程中，要素都承担一定功能，含有特定语义，它们通过转换程序并依照特定的句法规则被编排、顺接，继而形成一个能够表达完整语义的景观符号。

第三，是语义传输。在景观作品中，各种设计要素经过特定的句法、转换规则被编排为承载一定文化语义的形式符号，只是完成了文化传达的主体部分，其丰富的含义能否经由景观作品在设计师与观赏者之间通畅、准确地传递，是其支持这种传达机制有效性的重要保障。景观设计在当代展示了自然与社会两个领域的动态变化，为人们在世俗生活中把握社会动向、建立文化依托提供了良好的平台。因此，一处园林中的空间布局、密林或空地设置或是广场中的公共艺术主题，都向外界透露着一定的文化信息，生成了强烈的场所气氛。这种景观塑造中的语义因素，无论其对空间语汇的选择，象征的承载还是意义的表达，都需要人对景观要素进行正确的编码与解码，最大限度上完成作品意义与人审美体验的心理连接。

建筑符号学家勃罗德彭特在阐述建筑符号的语义表达时，引用了电话工程师的“信息渠道”概念来建立表达体系。景观设计也可以借鉴相对成熟的“信息渠道”机制，尝试建立一套程式化的、完整的文化语义传达模式。

最初，“信息源”即设计师脑中的思想、概念、意义等特定语汇，这些抽象思维借助某种“句法”对设计要素进行编排，使其符号化，从而诞生了景观作品。景观作品因为承载着特定的文化内涵而成为具有能指与所指双重意义的符号，即构成了信息传播的“渠道”。然后，景观作品的使用者或欣赏者，充分调动视、听、嗅、触、味等感官去阅读、感受和品评作品这就是“接收”的过程。最终，受众直接或间接将其对作品的感受和看法反馈给设计师，由此完成整个文化语义的传输过程。

而作为文化语义的接收者——受众，他们对于建筑景观语义的感知主要来源于以下几个方面。

一是对景观空间形式的感受。景观空间是通过形状、色彩、肌理和光影的变化给予人直观的视觉冲击，与人体的感官练习十分紧密，是基于视、听、嗅、触、味的空间交流，即知觉。知觉属于浅层认知，由此形成人们对事物的形状、尺度、色彩、质感和相互关系等空间表象的认识。

二是对景观设计中深层空间关系的认知。这一环节主要是在人脑中建立具有符号性的空间结构关系，即通过“图式”的方式进行深层认知。“图式”主要包括接近、分离、继续、闭合、连续等定位关系，人们之所以称它为更稳定的空间认知体系是因为它能将“认识”（物理世界的）和“知觉”（直接定位的）区分开来，具有普遍性和相对恒常性。

三是意蕴激发。意蕴激发是指在进行建筑景观设计时，将景观建筑塑造成一个饱含主体情感的客观形象。这种情感并非独属于某种个人的情感，而是建筑师对各种人类情感的认识并掺杂了个人的经验和理解。具有文化意蕴的景观作品，并非仅仅是能调动人们感知的视觉形象，而是作为一个浸润着情感的艺术性表现与人们产生内心的共鸣。使景观设计做到意蕴激发的方法有以下三种。

①融合情感。情感本身是一种抽象的、不具形式的心理状态，但建筑师借助景观符号可以将它反映出来并加以艺术化表达。这不同于语言、文学，而是像音乐、舞蹈建筑等抽象艺术一样，借助视觉符号传递创作者的情感，引发观者的心灵悸动。景观设计师约翰·西蒙兹认为，通过对形体、色彩、材质、光线、声音与气味等景观元素的塑造，景观空间可以用来表达以下 10 种情感：紧张松弛、恐惧、欢乐、沉思、动感、性爱、崇高的敬畏、不愉快和愉快，它们被融入景观实体的营造工作中，给予其独特的情感魅力。在景观设计的发展历程中，经典的设计案例几乎都不乏这种空间的感染力，如古伊斯兰园林是对人类宗教信仰的对象化，深刻表达出一种纯粹的、崇高的情感；法国古典园林则诠释出对权力和人性尊严的崇拜；中日古典园林则于闭合的一片天地中，隔绝世

外纷扰，体悟内在的幽静平和。一个景观作品所呈现的文化韵味越浓，也就意味其设计者对于景观与人、景观与社会文化之间的关系有着很好的理解和感知。这种感知力，或许源于自身经历；或许源于专业修养，是热情与理性的融合。于是，当设计师面对一块有待设计的土地时，他们能够敏锐地捕捉到其所携带的文化基因——那些历史所沉淀下来，散发着艺术灵性、相互交织的社会脉络与哲学隐喻，并引发了情感上的共鸣。也正是这种情感与文化交织，才能真正给予景观作品以灵魂，让这片土地变得活起来。而这一切其实也都源于一种尊重，即建筑对人类及其文化脉络的珍视与尊重。

②建立秩序。景观设计中的空间结构如同建筑空间一样，也具有统一与多样、均衡与动态、间断与连绵、单体凸显与群体韵律等特性，构成了丰富的空间形式与关系。在不同结构秩序的交错中，景观设计的主题如同一幕幕场景被有层次的演绎出来，各种形式的变化与呈现都涵盖在总体的结构框架之下，形成了简单或复杂、排斥或包容、单一或复合的空间品性。

在不同主题、风格背景下，景观设计所遵循的空间逻辑性也存在差异并形成了自身的形式语汇。正如那些自然风景园、中国古典园林和以流畅的曲线为特征的现代园林，就彻底摆脱了古典主义规则的教条组建了浪漫的空间画境，虽然没有运用几何化的人工图案来比拟征服自然的力量与人性尊严，建筑师却凭借一份疏朗、自然的形式美感表达出回归本真和对平和心境的文化追求，如北京颐和园空间规划，就将其布局成天然具有翁山坐北、西湖莅南的态势，而在园林地营建上，建设者首先进行了大规模地形整治，将湖面向东拓宽，真正形成了坐山面水、湖波浩渺的疏朗格局，并刻画出一条虚隐、统领全局的山水纵轴线；其次纵向架设西堤与支堤，将湖面划分为三个水域，形成湖面聚中有分的统一格局，尤其是西堤的斜向搭建，形成了北阔南窄的形状，增强了透视感而使湖面更显深远；最后在东扩湖面的过程中，保留沿岸的龙王庙形成南湖岛，另建治镜阁、藻鉴堂二岛与之相呼应形成湖中三大岛，同时又设置知春亭、凤凰墩和小西泠三座小岛，共同构成传说中“海上仙山”的格局。这些元素既与北面主山遥相呼应，又打破了水山平铺横列的单调构图，形成山外有山、湖山交互辉映的丰富层次和空间意蕴。

景观设计中对于空间形式与关系的塑造，都于自然而然中表达了特定的文化取向，正是有赖于这些具体的形式语汇和抽象的结构搭建，景观设计作品获得了一种特殊的意蕴，折射出更深层的文化内涵。

③统合时空。景观设计作为人类文化实践的一个特殊层面，在设计与表达的过程中必然饱含对建筑师时空观的反映。无论是建筑师还是受众，时空概念

都被牢牢嵌入潜意识当中，在不经意之间就被融入文化表达之中。我们对它总是怀有特殊的情结和感悟。或许设计表达的手法与内涵会由于不断更新而改变，但时间这一概念的永恒性及其关乎我们生命意义的体悟则永远驻留人们心中而不会轻易改变。景观设计不同于文学和诗歌，并非在具有意指性的文字符号间流露对于时空的感悟，而是借助三维视觉形象连接过去、现在与未来。有关时空的思考主要体现在两个方面——现在与过去的关系（历史性的）、现在（包含过去）与未来的关系（前瞻性的）。首先，现在与过去的时间关系意味着人对历史性因素的再现或追忆，目的并不是去钻研历史而是寄寓于解释那些永恒的、迄今仍然具有生命力的东西。现在与过去往往通过记忆的形式而链接，它是一种复杂的认知和识别过程，充满主观意识，因而很难做到完整与客观。正如卡西尔所说："我们不能把记忆说成是一个事件的简单再现，……它与其说只是在重复，不如说是往事的新生；它包含着创造性和构造性的过程。"这种依靠记忆支撑的时间关系，可能是对历史上某个特定景观格局的纪念，或是对传统的修正并赋予其新的内容。

二、表达原则

（一）讲究立意

意者立意，匠者技巧，立意和技巧相辅相成。立意的好坏对整个设计的成败至关重要。一个优秀的设计不仅要有精美的外观形式，还要有深刻的内涵，要表达出一定的意境和情趣，这样才能成为耐人寻味的作品。中国古典园林讲究"三境"（物境、情境、意境）一体，物境是指景物所营造的视觉景观形态；情境是指由于景观而引起的心理上的感受，即所谓触景生情，心旷神怡等；意境则包含更深刻的内容，它将人们欣赏园林风景的行为活动上升为心理活动，利用心理、文化进行引导，创造令人赏心悦目、积极向上的精神环境。景观建筑的创造性还在于设计者如何利用和改造环境条件，如绿化、水源、山石、地形、气候等，从总体空间布局到建筑细部都要处理细致，才能达到"景到随机，因境而成，得意随形"的境界。

（二）讲究布局

有了好的组景立意，还必须有好的建筑布局，否则构图就会零乱无章，不可能成为佳作。以下简述几个比较重要的布局原则。

1. 规划总体布局

规模较大的园林，须从总体上根据功能、地形条件，把统一的空间划分成若干各具特色的景区式景点来处理，主次分明，有节奏和韵律感，以取得和谐统一。

2. 满足使用功能的需要

满足功能要求是指满足使用、交通、用地及景观等要求，如露天剧场、展览馆等人流较集中的景观建筑，应靠近园内主要道路且出入方便，并适当布置集散广场；又如餐厅、厕所等服务性建筑要选择交通方便，易于发现的地方，但又不能占据园中主要景观的位置；此外，对于有明显游览观赏要求的建筑，如亭、榭、舫等，还要优先考虑其游赏需要，对于园务管理类建筑等有明显使用功能要求的建筑，应重视其功能性。对于既有使用功能要求，又有游赏要求的建筑，如茶室、餐厅、展览室等，则应在满足功能要求的前提下，尽可能创造优美的游览观赏环境。

3. 讲究空间渗透与序列

景观建筑布局是为了获得空间的变化，使之不致一览无余而使之单调，人们常利用门、窗、洞口、空廊等“景框”手段作为相邻空间的联系媒介，使空间彼此渗透，增添空间层次。此外，室内外空间也可互相渗透，可以把室外空间引入室内或者把室内空间扩大到室外，使景观与建筑能交相穿插融合成为有机的整体。在某些大型景观环境中，建筑众多，形成了一个建筑群，建筑师须从总体上推敲空间环境的次序组织，使之在功能和艺术上均能获得良好的效果。

（三）讲究自然和谐

中国传统造园思想即顺应自然，将人工的东西融入自然，浑然天成。作为装饰小品，人工雕琢之处是难以避免的，设计者们的匠心之处就在于如何将人工与自然设计的浑然一体。不管是材料、色彩，还是外形、尺寸，甚至是摆放位置，都要注意精巧、适宜、雅致，建筑物与环境中的水体、植物、山石等应浑然一体，如在自然风景中古木巨树之下，塑造树根造型的圆凳，似在一片林木之下，自然形成的断根树桩，远看可以达到以假乱真的程度，极富自然之趣。如果是在现代园林中，放入以自然山石修筑成的山石桌椅，即使做工再精细，造型再讲究，也还是不伦不类。

（四）讲究色彩与质感

建筑物的色彩与质感处理得当，景观空间才能有强有力的艺术感染力。形、声、色、香是景观艺术意境中的重要因素，而景观建筑风格的主要特征更多表现在形和色上。我国南方建筑风格体态轻盈，色彩淡雅；北方建筑风格则造型浑厚，色泽华丽。随着现代建筑新材料、新技术的运用，建筑风格更趋于多姿多彩、简洁明丽，富于表现力。

色彩有冷暖，浓淡之分。颜色的感情、联想及其象征作用可给人不同的感受。质感表现在景物外形的纹理和质地两方面，而纹理有曲直、宽窄，深浅之分；质地有粗细、刚柔，隐显之别。色彩与质感是建筑材料表现上的双重属性，只要人们善于去发现各种材料在色彩、质感上的特点，并利用它去组织节奏、韵律，对比均衡，层次等各种构图变化就可以获得良好的艺术效果。

三、表达方式

（一）平面及空间效果表达

图示相当于设计人员之间交流的一种语言。二维的图形和符号可以准确、全面地表达设计的功能意图、体量造型、尺寸材质等各个方面的信息。图示使用极为广泛和普遍。设计人员应当熟悉设计图纸的基本表达，并把它作为设计的语言来进行交流。图示和语言有很多相对应联系的因素，图示中的地物、树木，停车场符号、表示方向的箭头等相当于语言中的单词，是经过抽象的、表达特定种类物体或概念的符号；图示中各种实线、虚线、点画线条、填充肌理等修饰符号及将各个符号组织起来的元素，相当于语言中的句法，要遵循特定的规律来应用。完整的平面、立面和鸟瞰图相当于由语言和句式组合起来的文章，可以让人们完整充分的阅读。

1. 平面图

平面图是用一个假想的刀在离水平面 1.5 m 高的位置平行剖切物体后，所有地物在水平面的垂直投影的总和。

平面图是视觉尺度景观设计中最重要也是需要最先确定的图。平面图中包含很多的设计信息。平面图应按照一定比例绘制，图纸中的任意一个要素都是可以度量、换算成实际尺寸的。技术设计表达阶段的平面图是所有其他图纸的基础，人们可以根据基础平面图绘制出竖向高程图、绿化布置图、交通示意图等。平面图中所包含的具体设计信息应当根据实际工程的需要来确定。一般来说。总面积小于 10 000 m^2 的场地的平面图可以包含场地的高程、交通、建筑范围、景观绿化、照明、小品设计、雕塑、铺装、水系统设计等综合信息。比较复杂的设计也可以将以上内容分别绘制在其他的图纸中。

2. 立面 / 剖面图

景观剖面图指的是景观空间被一假想铅垂面沿水平或垂直方向剖切以后，沿某一剖切方向投影所得到的视图。立面图沿某个方向只能做出一个剖面图，制作剖面图时应当注意以下几点。

①地形在立面和剖面图中用地形剖断线和轮廓线表示。

②水面用水位线表示。

③树木应当描绘出明确的树型。

④构筑物用建筑制图的方式表示出。

在平面图中，应当用剖切符号标出需要表现立面的具体位置和方向。景观设计中的地形变化、具体选用树种或树形的变化、水池的深度和跌水的情况、景观构筑物的立面造型和材质等信息都需要在立面图中表达出来。如果说平面图主要体现景观设计的布局和功能，那么立面图则具体体现了建筑师的艺术构思和风格创造。立面 / 剖面图是视觉尺度景观设计中特有的图示表达，需要绘制得详尽、具体。

3. 透视图

透视图是指按照人眼的视觉规律，以科学透视的方法表达的三维空间效果图。透视图由于失真效果所以不可以进行度量。视觉尺度景观设计中，经常使用的透视图是一点透视和两点透视。在需要表现场地气氛、空间效果和天际线的形态时，一般使用一点透视图；而需要强调具体设计的构思、造型、某个构筑物的形态时，常常使用两点透视。需要强调的是，视觉尺度的景观透视图应当把视平线确定在 1.5 ~ 1.7 m，也就是人眼的通常视线高度上，以方便、真实地表现空间效果。

景观设计主要依靠透视图模拟人在空间中的体验，绘制接近真实的空间效果。电脑制作的空间效果图可以充分渲染出景观设计的气氛，其在这一点上要优于手绘表现的透视效果图。

4. 鸟瞰图

景观鸟瞰图是指人在高于视平线的位置观察场地时绘制出的空间透视效果图。作为透视图中的一种，鸟瞰图是符合人眼视觉规律的空间透视图，是失真的效果，不可像平面图和立面图一样进行度量。

鸟瞰图一般以场地的总平面图为依据，全面地表达设计的各个细节元素，体现设计的总体效果。可以度量的鸟瞰图就是轴测图，轴测图按照真实的尺寸及一定的比例绘制，必须精确、完整，互相遮挡的物体可以用透明体块或虚线表示。

（二）模型设计表达

模型设计表达是利用纸板、有机玻璃、木板、PVC 板等模型材料按照一定的比例制作的模仿真实空间效果的设计表达手段。模型可以非常直观地表达出设计的构思和效果，在视觉尺度的景观设计中应用非常广泛。与其他图示表达相比较，模型更加直观，易于理解和推敲。其不足是制作周期较长，成本较高。

1. 工作模型

在视觉尺度景观设计的初期阶段，工作模型是非常方便、直观地推进设计的手段。工作模型不要求十分准确、精美，但要求迅速、富有创造性地表达设计。工作模型的制作材料没有具体限制，泥土、泡沫塑料、钢丝、纸板等都是制作工作模型的理想材料。像绘制设计草图一样，工作模型的制作过程也是一个思考和创作的过程。并且，直接制作工作模型有时可以获得图纸绘制难以取得的创意效果。

2. 商业模型

在视觉尺度景观设计的后期阶段，人们往往需要一些精美的模型将设计完整、准确地表达出来，用于展示、推销或其他商业目的，这些模型称为商业模型。与工作模型不同，商业模型需要迎合大众主流的欣赏眼光和视觉审美要求，制作要求十分精细，比例尺度要准确。

（三）多媒体设计表达

随着信息技术发展，设计表达的手段也日趋多样，人们需要更加方便直观的了解、体验设计。可以说，多媒体的各种手段就像语言中的各种形容词，为设计师的构思和设想提供修饰服务，从而拓展了设计。目前设计领域中应用的多媒体手段主要有以下几个类型。

1. 演示汇报

通过 PowerPoint、Acrobat 等演示软件，可以将设计的场地调研分析、设计构思、具体设计、后期制作等部分完整、系统地表达出来，便于理解和比较。

2. 动画制作

可以将设计的空间模型用三维或二维动画制作出来，动态展示空间效果，模拟人在真实空间中的运动过程，尤其可以精确表达图纸难以体现的细部设计和不同季节及时间的景观空间效果，十分具有感染力。

第三节　建筑设计与景观艺术的统一

一、建筑与景观结合

建筑是一部用石头谱写出的壮丽史书，它延续了人类对历史的记忆。建筑是文化的物质载体，文化是建筑的灵魂，建筑是需要文化传承的，没有标志就没有了区分，这样的建筑是缺乏生命力的。中国建筑符号元素就是文化传承的载体，它们凝聚了大量的文化信息，传递着中国传统思想。中国古典建筑崇尚不经人工修饰的自然美，但又具有实在的人为设计，它不仅反映了我国建筑技术的发展过程，更映射了地方性的社会伦理、社会文化、观念形态及民风民俗。中国古典文化与建筑等中国传统元素是具有传承性、地域性和民族性的，是华夏传统文化的历史积淀，并蕴含着中国文化的精神与气质；这些建筑元素借助推理和联想，从而勾起人们内心深处的中国传统文化情结。中国传统建筑元素作为一种观念形态，影响着建筑的发展进程，建筑师可以从传统建筑原型中提取某种形态元素，直接应用于现代景观建筑设计，也可以将其加以整理和抽象、简化和升华、概括和提炼之后应用于现代景观建筑设计。使具备浓郁中国传统文化色彩的建筑符号在现代景观建筑中焕发生机，这才是现代景观建筑设计运用传统建筑符号的核心和精髓。

中国传统建筑外形上的特征最为显著，它们都具有屋顶、屋身和台基三个部分，各部外形和世界上其他建筑迥然不同，这种独有的建筑外形完全是由建筑物的功能和艺术高度结合而产生的。其外观特征主要表现在屋顶上，屋顶的形式不同，体现的建筑风格也不同。屋顶在造型上各具特色，庑殿顶庄重而舒展；歇山顶华丽而雄飞；悬山顶素而轻快；硬山顶俨然而朴实；攒尖高而飞扬。

对于中国组群建筑整体形象的丰富性，屋顶起着非常重要的作用。它充分体现了中国建筑的艺术精神，成功运用了中国美学“以少总多”的创作原则。例如，在中国封建社会中，对于屋顶的形制及其装饰都有许多等级化的规定，明清时期尤为严格，屋顶的形式、高度，脊饰的形象、尺寸和数目，还有所用材料的颜色均须根据建筑的等级而定，不得僭越。中国传统建筑的宫殿、庙宇和民居建筑的坡屋顶造型具有极强的艺术感染力和震撼力。在中国古典建筑设计中，丰富多样、功能各异的建筑形态，被赋予了丰富的思想内涵，为不同的环境地势地貌、不同的山水条件下的建筑营造良好的主题。传统的坡屋顶造型设计，会使庙宇及宫殿等殿建筑产生高崇、挺拔、雄浑飞动和飘逸的独特韵律，也会使民居建筑产生亲切、自然和温馨的感觉。在景观建筑中的建筑小品如亭、廊，都是借鉴了中国传统建筑的精髓，对空间起点缀作用，既具有实用功能，又具有精神功能。中国的景观建筑是用建造花园的方法来规划风景区和园林绿地的，而中国的风景区大多有亭、台、楼、榭点缀其中。

中华民族对自然界中的花草树木有着独特的理解和认识，许多木材都被赋予了特定的性格和象征意义。中国传统建筑是世界上唯一以大木结构为主的建筑体系，其木结构所显现出的结构美和装饰美，成为中国传统建筑审美的重要标志，它和中国的建筑文化是不可分割的。

二、一体化的细部设计

赛维在《建筑空间论》中指出：所有的空间只要视线被遮挡，不管是石砌墙还是成行的树木或护岸，都要呈现出与建筑空间中所感到的同样的特征。因此，建筑师在建筑外环境中可以运用景观元素来构筑空间感，同时采用一体化的细部设计，使建筑在景观中得以延伸。当然，这种延伸必须以人在其中的活动方式为主导，正如有机建筑寻求创造一种不但自身美观，而且能表现居住其中的人们有机的活动方式的空间。

在环境领域曾有过这样的说法：谁污染谁治理，杜绝先污染再治理的现象。这个在本研究中也是适用的，在建筑行业中不可避免地会出现一些不好的现象：一些建筑师等到建筑设计完成后才会考虑景观设计的问题，实践证明这样“见缝插针”的滞后性行为是不可取的，是不符合时代发展要求的。因此，建筑师应当具有全局性思维，将建筑设计和景观设计一起抓。此外，无论是建筑设计还是景观设计，都是城市规划的一部分，因此二者不能脱离城市而存在。城市规划、建筑设计与景观设计三者是相互影响，相互作用，相互依存，密不可分的，三者之中哪一个出了问题都会影响全局。因此，建筑设计不是单一的工程，它也是城市规划的一部分，所以理应全局考虑。

三、可持续发展战略的统一

可持续发展是一种注重长远发展的经济增长模式，最初于1972年提出，指既满足当代人的需求，又不损害后代人满足其需求的发展模式，是科学发展观的基本要求之一。建筑和景观设计作为城市规划的一部分，也应当遵循可持续发展的原则。工业革命对城市景观格局和生态环境都造成了很大影响，一些被搁置的工业废弃地不仅浪费了土地资源，对于周边的水环境和土壤环境也会产生一定的危害。可持续发展观要求人与自然和谐相处，尊重自然，将建筑融入自然，而不是强制改造自然，建筑师应当更大程度上保持原生态，减少人工生产投入。具体可以从以下几个方面来实现。

①增加诸如太阳能、风能、水能等清洁能源应用，减少化石能源的应用。这样不仅缓解了我国能源紧张的危机，也减少了因化石能源燃烧产生的污染。

②政府应当加大检查力度，对于违规的建筑企业应当严格处理，本着“谁污染谁治理”的原则，坚持可持续发展的理念，遏制不良风气。

③建筑师，企业等责任人更应该严于律己，使建筑事业绿色化、清洁化。

四、以人为本设计理念的统一

以人为本是科学发展观的核心。中央电视台曾经播放过这样一个采访节目“你幸福吗”。在战争年代，或许每天健康活着就是幸福了；在20世纪80年代，或许解决温饱问题人们便会觉得幸福了；而在现代化的今天，物质生活已不再是评判幸福的唯一标准，人们更多地追求精神层面的东西，健康舒适、养生在人们的生活中也占据着很大的比重。同样，建筑与景观统一也应当坚持以人为本的设计理念，在将绿色景观融入建筑当中的同时，建筑师可以增设一些诸如针对儿童的游乐设施，针对老年人的健身设备，针对青年人的娱乐设备。这样人们就可以在紧张的生活节奏中放松身心。建筑师还应当多采取居民的意见，将建筑设计和人们的舒适生活结合起来。但是正确理解以人为本的科学内涵，并不意味着人类是至高无上的，也不意味着人类可以跃居自然而存在，更不意味着人们可以肆无忌惮地改造自然。人类在大自然面前是很渺小的，人类只是大自然的一员，建筑和景观设计师应当尊重当地原有的风俗民情，在保护文明古迹的基础上对城市实施改造。因此，我们有义务和责任尊重自然，善待自然，回报自然，实现人与自然和谐相处。

设计是伴随着人类出现而产生、发展和变化的，它是在特定的环境下，人们为了满足某种需求对设计对象所做的有目的、有意识和有创造性的活动。以人为本就是以人性需求为衡量标准，注重人性、人格和能力全面发展。任何为满足人们需要而进行的创造性活动，都需要坚持以人为本的设计理念，不断为人们创造舒适，优美的生活环境。这里所谓的舒适，主要指的是设计的功能性，用一种直观的解释，舒适就是让人感到使用起来舒适、适用。例如，有些住宅的设计偏片面、过分强调所谓的外观新颖，只追求外观怪异，内部结构复杂，全然不管采光、通风及使用空间的利用和舒适。所谓的优美，主要是指设计对人在精神层面上的关怀，主要表现为设计的文化内涵。当人们的生活达到一定的层次之后，必然会产生对设计的精神文化需求，设计有了生命，设计作品才能与使用者交流、互动。

以人为本反映了在城市的发展建设必然是以城市中广大市民的根本利益为本，规划是为了生活在物质环境中的人，而不是物质环境本身，要将物质建设规划、物质环境改善与城市经济社会发展及市民生活质量的提高结合起来。例如，现在许多大城市，机动车数量迅速增加，机动车道路所占的面积越来越大，甚至出现将自行车道挤压到人行道，人行空间越来越窄的局面；有的城市街道景观和设施建设多考虑行车方便，汽车好像是道路的主人，行人要战战兢兢、气喘吁吁地小跑着过马路。而医院建设，更应突出体现以人为本的主体思想和设计理念。社会经济与现代医疗技术迅速发展，促使各医疗卫生机构不断提高医疗技术，改善医疗设施，美化环境，以满足人们更高层次的健康需求和体现更多人文关怀，处处以病人为中心，一切为病人服务。如果当代人以眼前利益为本，不能正确处理城市经济发展与可持续发展目标之间的矛盾，盲目进行城市建设开发，只服从经济增长需要，甚至不惜以破坏生态环境和损害子孙后代的根本利益为代价进行城市扩张，最终只会自食恶果。

以人为本是对人的全方位关怀。在城市发展建设中要真正做到以人为本，就必须要在着力满足人的需求上下功夫，仔细研究人的不同层次需要，尊重、体谅与关怀人的各种需要，不仅要使人的基本物质需要得到满足，如拥有安全的住房、清洁的水源、有必要的交通工具和公共设施、有健康的生活环境等，还要在此基础上，进一步提高和改善生活质量，不断满足市民的生活需求，满足市民的精神和文化需求。

第六章　经济视角下的建筑设计

建筑经济问题是一个综合性的课题，场地选择、建筑总体规划、建筑空间组合、施工组织，到建筑维修管理等一系列过程中都包含着经济因素。建筑师不仅要在建筑设计方面拥有足够的技能，而且要对建筑的经济问题给予足够重视。考虑经济问题不是要降低建筑质量，而是要在保证必要的质量标准的前提下，不浪费一分钱，使有限的投资获得最大的经济效益，但又要防止因片面追求节约而影响建筑的功能，降低建筑的质量标准，增加建筑的维修费用等。建筑设计中除了要满足功能使用要求外，还要注意建筑的经济性，缺少任何一面建筑都不能被称为优秀建筑。

第一节　建筑设计中的经济评价指标与指标评价

一、建筑的经济性评价

（一）建筑的平方米造价及主要材料的消耗量

建筑的平方米造价是衡量建筑经济性的一个指标。影响该指标的因素是比较复杂的，要精确计算也是比较麻烦的。在初步设计阶段人们主要通过概算来控制建筑的经济性，只有在施工图完成之后才能进行预算，得出平方米造价。由于地区之间存在各类差价，因此平方米造价只有在相同的地区才有可比性。

通常情况下，我们会将平均每平方米建筑面积所用到的主要建筑材料（比如钢材、水泥、木材、砖等）的消耗量作为一项经济指标，目的就是为了使不同设计具有可比性。由于影响造价的基本因素当中，既包括了耗材量，又包括了耗工量，因此造价指标在很大程度上取决于材料和工日的消耗量。耗材量和耗工量还可以反映新材料、新结构、新工艺的使用程度，同时也可以反映施工工业化的水平。目前，我国将平方米造价和主要材料的消耗量作为衡量建筑经济性的重要指标之一。

（二）长期经济效益

建筑在使用过程中的长期经济效益是用来衡量建筑经济性的一个重要因素，因此应合理进行建筑质量标准选择。它的选择直接影响了建筑的使用年限和在使用过程中的维修费用的高低。片面降低质量标准，不仅会影响使用水平，而且会增加维修费用，这实质上是一种极大的浪费。由于建筑的使用年限比较长，在使用期间的各种维修费用通常要比建设时的投资多很多，因此以建筑的长期经济效益来衡量建筑的经济性是十分必要的。

（三）结构形式及建筑材料

建筑之所以能够存在，最重要的一个物质基础就是结构，同时它也是房屋的骨架，建筑空间和建筑形象也会随着建筑结构形式不同而有所区别。我国古代建筑由于承重体系是木构架，因此拥有优美的曲线屋顶、图案式的斗拱。如今，随着钢结构和钢筋混凝土结构不断发展，大跨度建筑和高层建筑不断出现，这对建筑造型和建筑艺术的影响极为明显，因此建筑与结构密切相关。

对于建筑师来说，各种结构形式的特点和适用范围都应该熟记于心，只有熟练掌握了这些知识，才能在创作建筑空间时选择适宜的结构体系，并使结构充分发挥力学性能，以达到应有的经济效益。这是评价建筑的经济性时不可忽视的一个因素。

在一般的民用建筑中，基础、楼板、屋盖的造价占建筑造价的 30% 以上，这说明合理选择结构形式非常重要。而结构的合理性首先表现在组成这个结构的材料的性能能不能充分发挥作用。因此，我们在选择建筑的解构形式时，首先要考虑的就是是否能使材料的性能得到充分发挥，接下来就是选择最为适合的结构材料，做到扬长避短。

（四）建筑工业化

若想衡量建筑的经济性，需要考虑的因素还有很多，比如是否可以缩短施工工期；是否能够提高劳动生产率；是否广泛使用了工业化产品；是否采用了机械化安装方式等。在进行建筑平面空间组合时，建筑师应考虑使装配构件的类型最少，且尺寸应尽可能统一。因此，设计上要求实现建筑体系化，即进行工业化建筑体系的建筑设计。

建筑师应根据各地区的自然资源、经济条件、技术力量等的不同情况，对建筑的结构形式、采用的材料、施工工艺和生产方式等进行全面考虑，把建筑生产纳入工业化的进程，这就要求设计时建筑师应对同类建筑进行全面研究和分析，并对建筑中存在的共性问题进行提炼和概括，这样才能使设计既有高度的统一性，又有一定程度的灵活性，从而为实现工业化生产创造有利条件。对于纳入建筑体系设计对象的建筑，要采用合理的模数网，并选择合理的层高，这些对节约用地、节约原材料、降低造价都有显著作用。

当然，建筑体系设计并不排斥行之有效的、各种类型的标准设计和定型设计，相反它们之间存在着密切的内在联系。标准设计本身就是实现建筑工业化的途径之一，而且许多标准设计在一定程度上也体现了同类建筑中共性与个性相结合的特点，因此推广采用标准设计不但可以加速建筑工业化进程，而且在标准设计的基础上还可以逐步提高，向更高的工业化要求迈进。

在设计时建筑师应做到以下几点。

①对于大量、多次、重复建造的房屋采用标准设计或定型设计。

②当不能将整个建筑物定型化时，应将其中重复出现的部分，如建筑单元加以定型化。

③具有广泛使用性的结构和构造节点，应使之标准化。

④房屋的柱网、层高及其他建筑参数，应使之统一化。

⑤建筑的构件和配件，应力求使其统一化，并具有通用互换的可能性。

在住宅、学校等大量性的民用建筑中，采用工业化方法设计既要求标准化，又要求多样化。例如，在住宅平面空间组合中，可以采用各种方法进行组合，采用定型单元的组合方法，即以一种或几种定型单元组成多种标准与户型的组合体；采用构件定型的方法，进行多种平面组合；采用大空间定型单元，增加房间分隔的灵活性。

在建筑设计中，工业化程度越高，采用的标准设计和定型设计就越广，对加快施工就越有利，从而可以降低建设投资。

（五）技术、适用、美观和经济的统一

在建筑设计中，由于可以采用各种各样的结构形式、建筑材料、平面组合及空间形体，这也就使得即使类型和标准都相同的建筑，也会出现多个不同的投资方案。为了选择最优的方案，建筑师不仅要对上述有关经济问题进行分析比较，还要处理好以下四种关系，即技术、适用、美观和经济之间的关系。

在建筑发展中，技术和经济存在着一种辩证关系，可以说，它们是并存的两个方面，既相互促进，又相互制约。一项新的建筑技术要想具有强大的生命力，必须要具备以下两点：第一，先进的技术；第二，良好的经济效益。

“安全、适用、经济、美观”作为一项重要方针指导着我国的建筑创作。“适

用”是技术经济评价中的主导因素。如果一栋建筑不适用，那么它的建成就是一种浪费，即使投入使用也很难会获得较好的经济效益。如果过分强调经济性，而对适用性不够重视，则难免会造成巨大浪费。由此可见，若想追求经济性，则建筑应先满足适用性，做到适用和经济统一。

建筑不仅要满足功能使用要求，还要取得某种建筑艺术效果，但这并不意味着以投资多少来决定其艺术价值。经济和美观应辩证的统一。因此，在一切设计工作中，建筑师都要力求在节约的基础上达到适用的目的，在可能的物质基础上努力创新，设计出经济、适用、美观、大方的建筑。

二、建筑技术经济指标

（一）建筑面积

建筑物勒脚以上各个楼层外墙外围的水平面积之和统称为建筑面积。国家往往会通过建筑面积这一指标来对建筑规模进行控制，并且国家基本建设主管部门对建筑面积的计算也做了详细规定。

（二）平方米造价

每平方米建筑面积的造价即为平方米造价。在质量标准一定的情况下，平方米造价往往会受到以下因素的影响：第一，材料供应；第二，运输条件；第三，施工水平等。国家在制订建设计划时，除了要考虑建筑面积指标外，还会根据不同建筑的性质和质量标准，对平方米造价指标进行充分考虑。此外，设计工作者还应对建筑规模和投资进行严格控制。

平方米造价的内容涉及多个方面，比如房屋土建工程、室内给排水卫生设备及室内照明用电工程等。在对建筑的平米造价进行确定时，建筑师要分清哪些费用属于建筑的平方米造价，哪些项目应另外计算。

（三）建筑系数

1. 面积系数

（1）结构面积

使用面积的大小在很大程度上取决于结构面积的多少，因此建筑师设计时应尽量选用较为先进的形式和结构材料，从而有效降低结构面积，确保结构选型的合理性。

（2）房间面积

房间面积的大小会直接影响面积系数。在建筑面积相同的情况下，房间面积大，房间数量少，结构面积必然小；相反，房间面积小，房间数量多，结构面积必然大，从而影响面积系数的大小。在不影响使用的前提下，适当增大房间面积，既可以提高面积系数，又具有经济意义。

（3）交通面积

交通面积的变化是很大的。在设计中，应从实际出发，合理选择交通面积，在条件允许的情况下最大限度地提高面积系数。居住建筑中，楼梯服务户数应在 2 ~ 5 户，一旦楼梯布置不当，将会直接影响到面积系数和经济效果。

2. 体积系数

除了对面积系数进行控制以外，设计时还应对体积系数进行适当的控制，只有这样建筑师才能对建筑经济问题进行很好的分析，才能有效降低造价。可以说，选择适宜的建筑层高，控制建筑体积，不失为一种既经济又有效的措施。

在建筑设计过程中，为了避免片面追求各项系数，在进行经济分析时，建筑师应始终持有较为全面的观点。

总的来说，建筑经济问题在建筑设计中一直都是一个十分复杂的问题，因此我们必须要加以重视，这就要求设计者具备必要的经济观念。如果说民用建筑设计的目的是为了满足物质与精神要求，建筑空间的构成手段是建筑技术的话，那么实现建筑设计的一个最基本条件就是建筑经济。

第二节　建筑设计中的经济性问题分析

一、建筑平面形状

建筑平面形状对建筑经济具有一定的影响，主要反映在用地经济性和墙体工程量两个方面。

通常情况下，单位建筑面积的造价与建筑平面形状有着直接联系，即越简单的建筑平面，单位造价也就越低。因此，在建筑设计的过程中，建筑师应在满足建筑功能的前提下，最大限度确保建筑平面形状设计的简洁，以便起到降低工程造价的作用。

除此之外，建筑平面形状与占地面积也有很大的关系，主要反映在建筑面积的空缺率上。平面形状规整简单的建筑可以少占土地，其建筑面积空缺率就小；平面形状较复杂的建筑物则需要占用较多的土地，因此其建筑面积空缺率就大。

因此，在建筑面积相同的情况下，应尽量降低空缺率，采用简单、方正的平面形状，以提高用地的经济性。

建筑物墙体工程量的大小也与建筑平面形状有关。建筑面积相同的建筑，如果平面形状不同，则墙体工程量也不同，从而使外墙装饰面积、外墙基础、外墙内保温等工程量也相应增大，就整幢建筑来说，单位面积造价也增加了许多。由此可见，在满足建筑功能的前提下，建筑师要充分注意建筑平面形状设计，所选设计方案中的外墙周长系数应尽可能小，从而有效降低工程造价。

二、建筑物的面阔、进深及其长度

建筑物的面阔和进深不同，对建筑经济也有一定的影响。除了对用地的经济有影响外，这里主要指每平方米建筑物的砌体工程量变化。砌体用量增大，不仅会增大结构面积、减少使用面积，而且也将增加基础工程量和建筑费用。因此，若想加大建筑物的进深，则应满足以下条件。

①不影响功能使用。

②对楼盖及屋盖结构尺寸加大不产生影响或影响较小。

③能很好地满足采光和通风要求。

这样做在节约砌体工程量的同时，又有效降低了造价。

在面阔不变化的情况下，适当加大进深，不仅能够起到节约墙体工程量的作用，同时还对建筑物的单方造价有着较为直接的影响。虽然在建筑面积和进深都相同时，由于平面布置不同，实际上墙体仍可能不一样，但加大建筑物进深一般来讲是有经济意义的。

除此之外，建筑物的长度不同，对经济性也有不同的影响。在进深相同的情况下，建筑物的组合体越长，山墙间隔的数量就越少，从而也减少了侧墙的工程量。建筑物的长度对每平方米的外墙工程量将随着长度的增加逐渐减少，从而能够相应降低建筑物的总造价。在建筑物具有不同长度、不同进深的情况下，其外墙的变化如表 6-1 所示。

表 6-1　建筑物不同长度、不同进深情况下单位面积墙体周长值的变化

进深（m）＼长度（m）	7.5	15	30	45	60
7.5	0.53	0.40	0.33	0.33	0.30
7.8	0.52	0.39	0.32	0.32	0.29
8.1	0.51	0.38	0.31	0.31	0.28
8.4	0.50	0.37	0.30	0.30	0.27
8.7	0.49	0.36	0.29	0.29	0.26

从上表我们可以得到两个结论。

①当建筑物的进深一定时，单位面积的外墙长度与建筑的长度成反比。

②当建筑物长度一定时，建筑物进深与单位面积的外墙长度成反比。

三、建筑的层高与层数

在设计建筑的过程中，对建筑造价有影响的一个因素就是建筑物的层高。不管是什么建筑物，都应在确保空间使用合理的基础上，选择最为经济的层高。如果仅仅是一味地增加层高，除了会使墙体工程量增加以外，还会使使用期间的能源消耗增加，从而造成不必要的浪费。

据统计，北京地区的住宅层高每降低 10 cm，可节约造价 1.2% ～ 1.5%；可以这样来理解，即每 100 m^2 建筑面积的住宅，降低层高 10 cm 时，所节省的资金相当于 1.2 m^2 或 1.5 m^2 建筑面积的造价；如果每户平均建筑面积为 50 m^2 的话，层高由 3 m 降为 2.8 m 时，每户则可增加 1.2 ～ 1.5 m^2 的建筑面积，或可节约造价 2.4% ～ 3%。数值虽不是很大，但若从降低造价、扩大建筑面积等因素统一考虑，效果却是可观的。由此可见，在设计中恰当地选择建筑层高是有经济意义的。

建筑物层数的增减在一定程度上也影响着经济变化。建筑师若想较为精准地对这些变化进行掌握，需要做到以下两点：第一，对各部分造价在总造价中所占比重有一定的了解；第二，对建筑物层数的增减所引起的经济效益的变化有一定的了解。例如，对居住建筑进行经济分析时，人们一般从以下几个部分着手。

①基础工程——包括基本的土石方挖运、回填及建筑物所有的不同材料的基础总工程量。

②地坪——包括地坪层的垫层、面层。

③墙体——包括建筑物的承重墙及非承重墙。

④门窗——包括各种不同的门窗、门窗油漆。

⑤楼盖——包括各层楼盖结构层，如梁、板及各种不同的面层。

⑥屋盖——包括建筑物的全部屋盖系统。

⑦粉饰——包括内外墙的全部粉刷。

⑧其他——以上各部分均不能包括的零星工程，如阳台、壁橱、厕所蹲位等。

以上八个部分的造价随着建筑层数的增减其分部造价也不断变化，但是这种变化基本上是有规律的，大致可以分为以下三种情况。

①第一种是随着层数增加其分部造价降低，如地坪、基础、屋盖等。

②第二种是随着层数增加其分部造价随之提高，如楼盖。

③第三种是随着层数增加其分部造价基本保持不变，如墙身、门窗、粉刷等。

其中墙身分部属于不稳定值。由于可能出现隔墙增减、承重墙截面变化等情况，墙体分部造价就会出现不同的经济值。

四、门窗与经济

在建筑物中，建筑师往往会根据房间组合关系的需要来设置门，窗则是根据建筑物性质不同所需采光系数的大小来确定的。建筑物中所设置门窗的多少，对造价也有一定影响。因此，在设计中建筑师应根据不同工程性质合理安排门窗，注意门窗设计在不同墙体厚度中与造价的关系，以得到合理的经济效果。

比如，在面积定额为 42 m^2 的居住建筑中对门的安排：在 24 砖墙上每户多安排一樘门就会使单方造价上升约 0.34%，在 12 砖墙上就上升约 0.8%；如果将采光系数的 1/8 改为 1/6，则 24 砖墙上约使单方造价上升 0.15%，假如该建筑使用钢窗，可使单方造价上升约 0.6%。这样，在 42 m^2 的居住建筑中，仅门窗一项，对单方造价的影响约有 0.5%，因此掌握门窗的造价与墙体造价的关系，了解在不同墙体厚度时门窗对单方造价的影响有一定的经济意义。

门窗的安排，除了注意其对单方造价的影响外，更重要的是注意对国民经济起重要意义的木材和钢材的节约价值。每平方米木门窗消耗圆木约 0.087 m^3，钢窗每平方米耗钢材约 25 kg。因此前者对节约木材、后者对节约钢材都具有重大的经济意义。

同时门窗的数量对房屋长期使用中的能源耗损也具有一定的意义。建筑的采暖和空调会消耗大量的能源，据美国的一项统计，住宅的能源消耗约占能源消耗总量的 20% 以上。因此，建筑师在设计中不仅要考虑对工程的一次投资，还应尽量节省建筑的长期消耗费用。

五、砖混结构中纵横墙承重方案的经济性

在砖混结构中纵墙承重建筑物的开间布置比较灵活，但对建筑物的进深有一定限制，与横墙承重方案比较，其最大的优点是降低了墙体的平方米长度值，并相应减少了基础的工程量。根据统计资料反映，在居住建筑中，以纵墙承重的方案，每平方米承重墙长在 0.5 ～ 0.6 m，它比横墙承重要少 20% ～ 25% 的砖墙工程量，结构面积大大减少，对提高平面系数有利，并相应减少了基础工程量。在基础埋置深度较大的情况下，纵墙承重方案经济意义更大，其不利因素是由于要保证居室使用面积，进深往往较大，这样可能影响楼盖和屋盖的构件增大，同时建筑物层数越多，房屋的刚度越不如横墙承重，因此建筑师在考虑承重方案时应对这两种方案的经济性进行全面比较。

第三节　绿色节能建筑设计

一、绿色建筑的概念

（一）绿色建筑的几个相关概念

1. 生态建筑

生态建筑受生态生物链、生态共生思想影响，对过分人工化、设备化的环境提出了质疑，生态建筑强调使用当地自然建材，尽量不使用电气设备，而多采用太阳能热水、雨水回收利用、人工污水处理等方式。生态建筑的目标主要体现在以下两方面：第一，生态建筑提供有益人们健康的建筑环境，并为使用者提供高质量的生活环境；第二，减少建筑的能源与资源消耗，保护环境，尊重自然，使建筑成为自然生态的一个因子。

2. 可持续建筑

以可持续发展观规划的建筑内容包括建筑材料、建筑物、城市区域规模大小等，还有与这些有关的功能性、经济性、社会文化和生态因素。可持续发展可以说是一种从生态系统环境与自然资源角度提出的关于人类长期发展的战略和模式。

1993 年美国出版《可持续发展设计指导原则》一书列出了可持续的建筑设计细则，并提出了以下可持续建筑的六个特征。

①重视设计地段的地方性、地域性，延续地方场所的文化脉络。

②增强运用技术的公众意识，结合建筑功能的要求，采用简单合适的技术。

③树立建筑材料循环使用的意识，在最大范围内使用可再生的地方性建筑材料，避免使用破坏环境、产生废物及带有放射性的材料，争取重新利用旧的建筑材料及构件。

④针对当地的气候条件采用被动式能源策略，尽量利用可再生能源。

⑤完善建筑空间的使用灵活性，减少建筑体量，将建设所需资源降至最少。

⑥减少建造过程中对环境的损害，避免破坏环境、浪费资源及浪费建材。

3. 绿色建筑和节能建筑

绿色建筑和节能建筑两者有本质区别，二者从内容、形式到评价指标均不一样。具体来说，节能建筑是符合建筑节能设计标准这一单项要求即可，节能建筑执行节能标准是强制性的，如果违反则就会面对相应的处罚。绿色建筑涉及六大方面，涵盖节能、节地、节水、节材、室内环境和物业管理。绿色建筑目前在国内是引导性质，政府鼓励开发商和业主在达到节能标准的前提下做诸如室内环境、中水回收等项目。

（二）我国对绿色建筑的定义

我国绿色建筑的定义体现了绿色建筑的三大要素和三大效益，如图 6-1 所示。

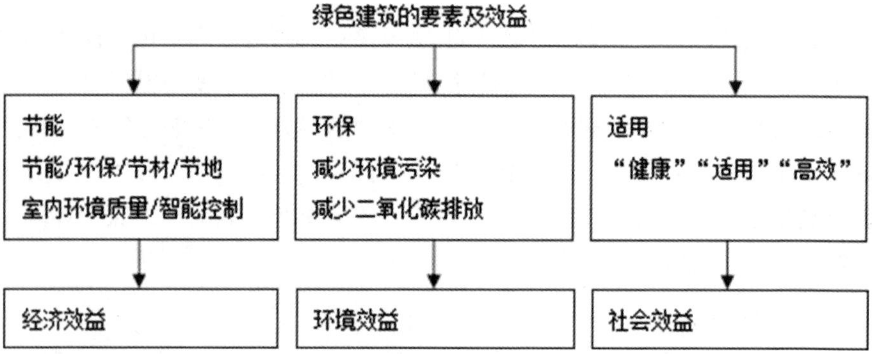

图 6-1　绿色建筑三大要素及其三大效益

（三）绿色建筑的内涵

绿色建筑的内涵主要包括以下三个方面。

①绿色建筑的目标是建筑、自然及使用建筑的人三方的和谐。

②绿色建筑注重节约资源和保护环境。

③绿色建筑涉及建筑全生命周期，包括物料生成、施工、运行和拆除四个

阶段，但重点是运行阶段。

绿色建筑概念的提出，意味着绿色建筑发展开始，它属于一个较为复杂的系统工程，如果想要在实践当中进行推广，则必须要设置一套较为完整的评价体系。从项目开始立项到建筑的最长使用寿命，这段时间即为绿色建筑的全寿命周期，而设计和施工则是建筑耗能高低的一个重要决定因素。因此，人们便开始运用绿色的观念和方式来进行建筑规划、设计、开发、使用和管理，“绿色设计”和“绿色施工”也就由此产生。绿色建筑就是在不与节约资源发生冲突的前提下，为人们提供一个即健康又舒适的办公和生活场所。需要特别注意的是，这里所说的节约资源指的是提高能源利用效率，对资源进行高效利用，而不是以牺牲人们的舒适度为代价来节约资源。

绿色建筑涉及建筑材料生产、建筑设计、施工、使用等过程，可以说是一个全面的概念。全面推广绿色建筑，主要有以下三方面好处：第一，有助于人们更好应对环境和经济带来的挑战；第二，在一定程度上减少温室气体排放；第三，缩小建筑物全寿命周期的碳足迹。可以说，建筑行业未来的发展方向就是绿色建筑，它所具有的潜力和前景是不可估量的。

二、绿色建筑节能措施与设计因素技术

（一）绿色建筑节能技术措施

1. 合理布置建筑布局

绿色建筑节能技术是建筑设计和设备节能技术的综合，初期的建筑设计为用能设备奠定了良好的基础，对减少建筑能耗负荷有着重要影响。当建筑周围的物理环境确定后，建筑设计节能就主要依赖建筑布局来减少建筑能耗。

建筑外形、朝向等对该建筑的能耗有着很大的影响，比如建筑体形系数就是一个很重要的影响因素，合适的建筑体形系数会大大减小建筑能耗负荷，减少用能设备使用时间。不同功能的建筑设计对体形系数的要求也是不一样的，住宅建筑更偏向于选取较小的体形系数，而公共建筑则更偏向于选择较大的体形系数。

2. 有效控制室内环境

维持室内环境稳定的能耗占了建筑能耗的很大一部分。绿色建筑通常采用自然通风、自然采光等被动式设计，整体化、系统化地优化室内用能系统来维持室内环境的稳定性和舒适性。从科学的角度出发，将用能设备的使用技能有

机结合和完善，降低建筑的能量消耗。

如优化暖通空调，让暖通空调系统自动根据室内环境控制系统运转，目前为止，节能效率最高的是集散式控制的绿色建筑系统，最高能够降低能耗30%。又如昼光照明技术，普通建筑照明也占建筑能耗的较大比例，据统计，商场每年照明用电就能占建筑总能耗电量的30%以上，同时照明发光制热可能会加大空调制冷设备的能耗。昼光照明可以通过一定方式将太阳光引入室内，进行合理分配，实验研究数据表明，昼光照明能够改变光照的强度、均匀度、饱和度及视觉感受等，有利于提高室内光环境的舒适性，适合广泛应用于绿色建筑中。

3. 利用可再生能源，提高能效

可再生能源为绿色建筑发展提供了重要支持，我国太阳能资源较为充足，全国有2/3的地区年日照时间超过2500 h，为我国的太阳能能源利用奠定了很好的基础。目前为止，太阳能空调、太阳能热水器、太阳能发电等被广泛应用于太阳能建筑、光伏一体化建筑中。

同时，作为人均淡水量仅为世界平均水平的贫水国家，充分利用水资源是建筑必须考虑的问题，绿色建筑可对雨水进行回收处理，用于冲洗等，对建筑节能有着重要意义。

4. 利用植物调节气候

立体绿化的建筑，其外表皮温度会比街道处环境温度低5℃以上，冬季时候热损失则可降低30%。建筑南向种植落叶植物，夏天时密集的树荫能遮挡住太阳直射，秋季落叶后的冬季，便于建筑物被动式的太阳能利用。室内靠窗部分的光照强度还会因为室外树木的存在而降低。种植的树木、草皮、灌木等可以减少地面反射，同时起到改善建筑周围微观气候的作用。此外，高层建筑设计中还可采用屋顶花园或屋顶水池帮助建筑节能。

（二）相关建筑节能设计因素

建筑的耗热量主要与以下七个因素有关：体形系数、围护结构的传热系数、窗墙面积比、楼梯间开敞与否、换气次数、朝向、建筑物入口处是否设置门斗或采取其他避风措施。

1. 建筑体型设计

建筑体形系数反映了建筑空间的复杂程度和建筑外围护结构的面积情况。体型越复杂，传热面积越大，建筑的能耗也就越大。因此，建筑的体形系数是建筑耗热量评价的一个重要影响因素。同时，建筑间距、建筑朝向、建筑布局等对于建筑体形系数也有着重要的影响。

对于节能效果，建筑的体形系数并不是越小越好，而是存在一个最佳节能体形系数。矩形建筑的此项系数与建筑物的层高、体量无关，与天气、建筑热工特性和建筑平面长宽比有关。

2. 围护结构设计

外墙是围护结构的主体，为了在达到隔热、保温效果的同时减轻荷载，一般建筑中会使用轻质高效的保温材料。在寒冷地区，有以下几种常用的墙体做法：第一，黏土实心砖和空心砖复合墙体；第二，黏土空心砖和实心砖岩棉夹心复合墙体；第三，页岩陶粒混凝土空心砌块等。不过，这些做法问题很多，节能效果往往达不到标准的要求。围护结构的材料可以布置在内侧或外侧，即使在寒冷地区同一气候条件下，由相异材料布置的墙体的保温效果也会不同。保温层更推荐设置在外侧，可以防止墙体内冷凝水产生。

混凝土空心砌块在国外被普遍推广用于高层建筑围护结构的保温层，美欧一些国家有许多前沿经验，如波兰研制的咬合式保温砌块，美国的 TB 型保温隔热复合砌块，二者可组合成 320 mm 厚墙体，将高效保温材料填入空心砌块。在一些欧美国家里，一半左右的建筑都采用多种形式的混凝土空气砌块，其有一定的强度，保温效果好，使轻质复合材料墙体的一些弊端得以避免。

屋面作为外围护结构的一部分，其隔热保温的作用也需被考虑。现在一般使用的屋面是倒置式的屋面，即颠倒传统屋面构造，将防水层放在保温层下面来提高屋面的隔热保温性能，这样可以在夏季提高屋面抵挡室外热作用的能力，从而大大降低空调能量消耗。近些年，南方很多城市对建筑实行屋面绿化以降低建筑能量消耗。

3. 门窗的保温隔热

我国的建筑保温隔热性能相对世界各发达国家来说还是比较偏低的，对于幕墙结构等建筑而言，建筑能耗最大的往往是建筑的外窗。如果我国的建筑保温技术要想有大发展就必须在建筑的外墙、外窗、屋面和地面等外围护结构上采取一定的节能措施。

在建筑结构中，门窗的保温隔热能力比墙体和屋顶的保温隔热能力差。通常外门窗的渗透耗热量在全部耗热量中所占比例达到 50%。由此可见，保温的薄弱环节是外门窗，它同时也是节能的重点部位。为提高门窗的保温隔热性能。我们可以采取提高门窗的气密性、采用适当的墙窗面积比、增加窗玻璃层数、采用百叶窗帘和窗板等措施。

4. 建筑位置及朝向设计

阳光对建筑物节能也有着极其重要的意义。日照原理可以应用于寒冷地区的城市规划中，通过合理地安排建筑位置和朝向，使建筑物尽可能多地接收太阳辐射热能，因此建筑物位置与朝向和节能息息相关。建筑物所获得太阳辐射的热量和热损失根据朝向与季节的不同而不同，特别是冬至前后，太阳高度角小，从而房间会接收到比夏季大得多的太阳光线面积。环境情况在建筑师确定建筑物方位的时候应首先考虑，根据太阳高度角做出日影像图，从而获得冬季每日的日照时间，建筑南向开窗面积应尽可能大，在满足采光的条件下，东向和北向的窗要尽可能小，这样可减少热损失，获得更多太阳光线，维持一个舒适的室内温度环境。

5. 建筑自然通风

建筑物理想的外部风环境是大立面面向夏季主导风向，小立面面向冬季主导风向，在建筑物表面形成足够的压力差。在进行总体规划时，建筑师还能通过设计景观、附属结构和道路等将风向引导至主要建筑，来降低温度，或使建筑物通过避风方式来减少热量损失。

三、绿色建筑的节能设计的技术应用方法

在绿色建筑中，最困难的是建筑节能，建筑节能分类如图 6-2 所示。其原因在于，建筑运行能耗高低，与建筑物所在地域气候和太阳辐射、建筑物的类型、平面布局、空间组织和构造选材、建筑用能系统效率设备选型等均有密切关系。对于建筑师来说，完成一个绿色建筑的设计，既要有节能、节地、节水、节材、减少污染物排放的理念和意识，又要逐步练就节能设计的技巧，并将其贯穿建筑设计全过程。

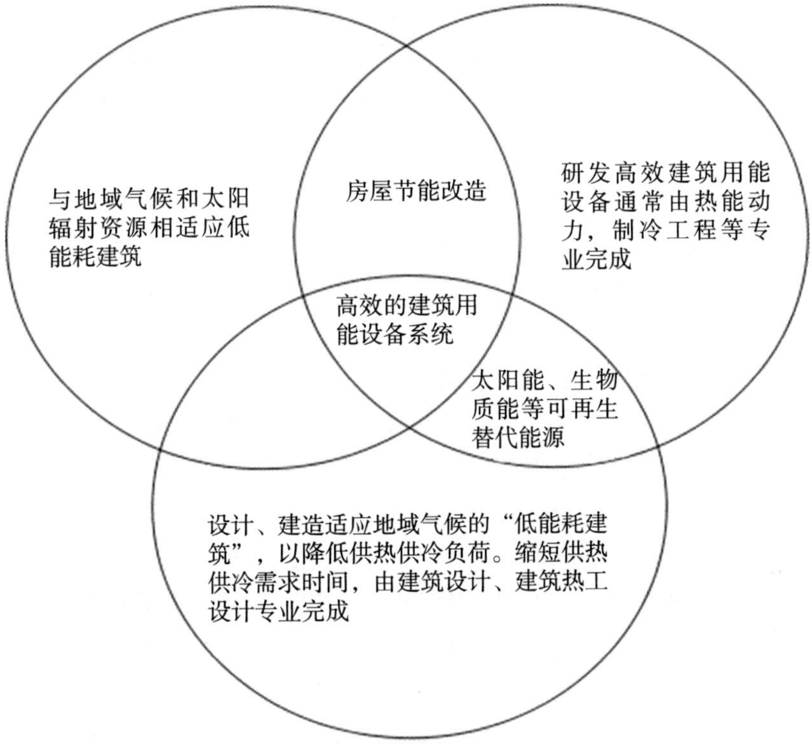

图 6-2　建筑节能专业分类

（一）太阳能技术应用

我国现有的绿色建筑设计中建筑节能的主要途径如下所示。

①建筑设备负荷和运行时间决定了能耗多寡，因此缩短建筑采暖与空调设备的运行时间是节能的一个有效途径。

②现代建筑应向地域传统建筑学习。酷冷气候区的传统建筑多利用太阳能升温、提高炉子的气密性、避开冷风面、加厚墙体等方式保温。炎热气候区的建筑多利用窗遮阳、立面遮阳、受太阳照射的外墙和屋顶遮阳等设计手段保证建筑水平方向和竖向方向气流通畅——尽可能使建筑物长时间处于自然通风运行状态，达到使空调能耗为零的目的。

③太阳能技术是我国目前应用最广泛的节能技术，太阳能技术也是世界关注的焦点。由于全世界的太阳能资源较为丰富，且分布较为广泛，因此太阳能技术发展十分迅速。目前太阳能技术已经较为成熟，且技术成果已经广泛应用于市场中。在很多的建筑项目中太阳能已经成为一种稳定的供应能源。然而在太阳能综合技术的推广应用中，由于经济和技术原因，目前其发展还是较为缓慢。特别是在既有建筑中，太阳能建筑一体化技术应用更为局限。

按照太阳能技术在建筑的利用形式划分，建筑可分为被动式太阳能建筑和主动式太阳能建筑。从太阳能建筑的历史发展中我们可以看出，被动太阳能建筑的概念是伴随着主动太阳能建筑的概念而产生的。

主动式建筑和被动式建筑在供能方式上，区别主要体现在建筑运营过程中能量的来源不同。而在技术的体现方式上，主动式和被动式的区别主要体现在技术的复杂程度。被动式建筑不依赖机械设备，主要是通过建筑设计上的方法来达到室内环境要求的目的，而主动式建筑主要是通过太阳能替换过去制冷供暖空调的方式。

在耗能方面，被动式建筑更加倾向于改进建筑的冷热负荷，而主动式建筑主要是供应建筑的冷热负荷，因此被动式建筑基本上改变了建筑室内供暖、采光、制冷等方面的能量供应方式。而主动式建筑主要是通过额外的太阳能系统来供应建筑所需的能量。

太阳能分为主动式和被动式两种，太阳能建筑的被动式技术主要是指被动采暖和被动制冷两种方式。太阳能建筑的主动式系统涵盖太阳能供热系统、太阳能光电系统（PV）、太阳能空调系统等。主动式建筑中安装了太阳能转化设备用于光热与光电转化，其中太阳能光热系统主要包括集热器、循环管道、储热系统及控制器，不同的光热转化系统又具有一些不同的特点。太阳能建筑的被动式供暖方式分为直接获热和间接得热两类，而间接得热又涵盖阳光间、温差环流、蓄热墙等三个类型。

1. 直接获热

如图 6-3 所示，冬季太阳南向照射大面积的玻璃窗，室内的地面、家具和墙壁上面吸收大部分太阳能热量，导致温度上升，极少的阳光被反射到其他室内物体表面（包括窗户），然后继续进行阳光的吸收作用、反射作用（或通过窗户表面透出室外）。围护结构室内表面吸收的太阳能辐射热，一部分以辐射和对流的方式在内部空间传输，另一部分进入蓄热体内，最后慢慢释放出热量，使室内晚上和阴天温度都能稳定在一定数值。白天外围护结构表面材料吸收热量，夜间当室外和室内温度开始降低时，蓄热体中所储存的热量就会释放出来，使室内的温度保持稳定。

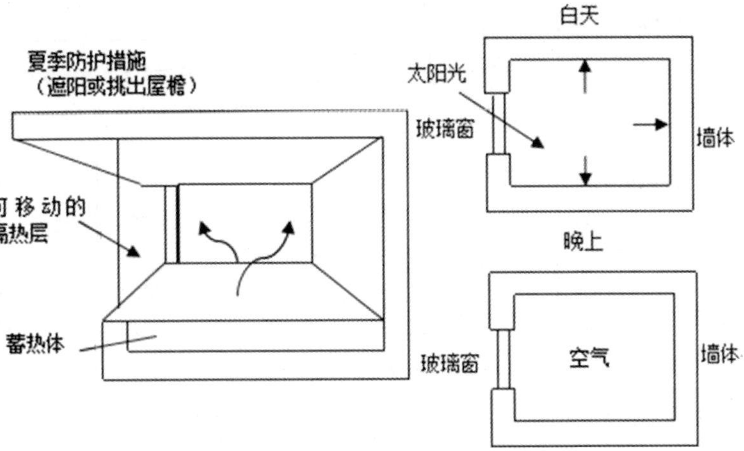

图 6-3 直接受益式太阳能采暖系统示意图

住宅冬日太阳辐射实验显示，对比有无日光照射的两个房间，两者室内温度相差值最大为 3.77 ℃，这数值对于冬季时的建筑来说是很大的，对于提高冬季房间室内热舒适度和节约采暖能耗都具有明显的作用。因此，直接依赖太阳能辐射获热是最简单又最常用的被动太阳能采暖策略。

2. 间接得热

太阳房是直接获热和集热墙技术的混合产物。如图 6-4 所示，其基本结构是将阳光间附建在房子南侧，中间用一堵墙把房子与阳光间隔开。实际上一天时间里，室外温度均低于附加的阳光间的室内温度。因此，阳光间一方面给房间提供太阳热能，另一方面是一个降低房间能量损失的缓冲区，使建筑物与阳光间相邻的部分获得一个温和的环境。由于阳光间直接得到太阳的照射和加热，所以它本身就起着直接受益系统的作用。冬季白天当阳光间内温度大于相邻的房间温度时，人们可以通过开门（或窗、墙上的通风孔）将阳光间的热量通过对流传入相邻的房间内。

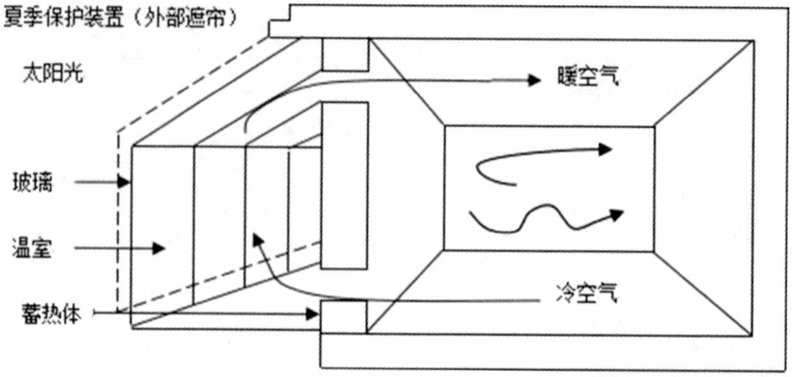

白天

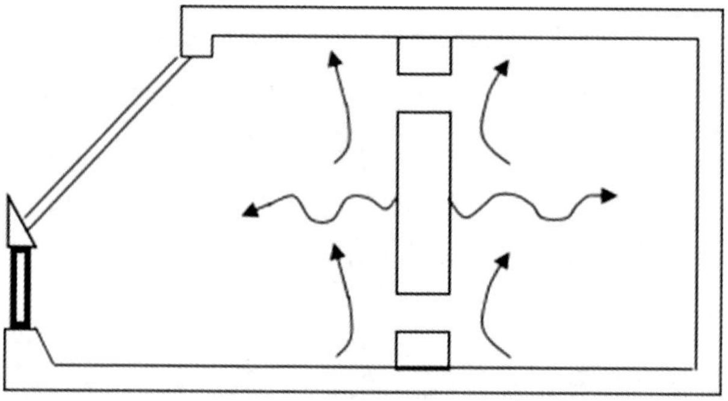

晚上

图 6-4　阳光间式太阳能采暖系统示意图

集热蓄热墙体是太阳能热量间接利用方式的一种，如图 6-5 所示。这种形式的被动式太阳房是由透光玻璃罩和蓄热墙体构成的，中间留有空气层，墙体上下部位设有通向室内的风口。它在日间利用南向集热蓄热墙体吸收穿过玻璃罩的阳光，墙体会吸收并传入一定的热量，同时夹层内空气受热后成为热空气通过风口进入室内；夜间集热蓄热墙体的热量会逐渐传入室内。集热蓄热墙体的外表面往往涂成黑色或某种深色，以便有效吸收阳光。为防止夜间热量散失，玻璃外侧应设置保温窗帘和保温板。

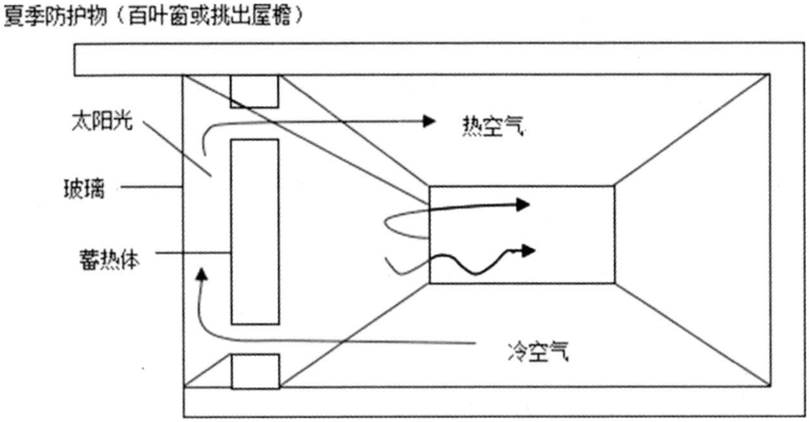

图 6-5　蓄热墙式太阳能采暖系统示意图

温差环流壁与前几种被动采暖方式不同的是这种采暖系统的集热和蓄热装置是与建筑物分开独立设置的。它的集热器低于房屋地面，储热器设在集热器上面，形成高差，利用流体的对流循环作用集蓄热量。白天，太阳集热器中的空气（或水）被加热后，借助温差产生的热虹吸作用通过风道（用水时为水管）上升到上部的岩石储热层，空气（或水）被岩石堆吸热后变冷，再流回集热器的底部，进行下一次循环。夜间，岩石储热器或者通过送风口向采暖房间以对流方式供暖，或者通过辐射方式向室内散热。该类型太阳能建筑的工质有气、液两种。由于其结构复杂、占用面积较大，所以其应用受到一定限制，适用于建在山坡上的房屋。

（二）风能技术应用

世界上各地的学者通过对当地的气候特征及建筑种类进行分析研究得到了建筑形式对风能发电影响的主要规律，同时研究人员建立了风能强化和集结模型，三德莫顿提出了三种空气动力学集中模型，这对风力涡轮机的设计与装配具有重要的意义。按照风力涡轮机的安装位置来分，其主要可以分为扩散型，平流型和流线型三种。此外，英国人德里克·泰勒发明了屋顶风力发电系统，其基于屋顶风力集聚现象，将风力机安装在屋顶上，从而提高风力发电机的发电效率，同时该系统在城市中也具有一定的适用性。

目前，在建筑中可以采用的风力技术主要包括两种：一是自然通风和排气系统，这主要是适应各地区环境的风能的被动式利用；二是风力发电，其主要是将某一地域上的风力资源转变为其他形式的能源，属于主动式风力资源利用形式。

建筑环境中的风力发电模式，主要包括以下几种。

①独立式风力发电模式，这种发电模式主要是将风能转化为电能，储存于蓄电池中，然后配送到不同地区的居住区内。

②另外一种发电模式属于互补性发电模式，采用这种发电模式，人们可以配合使用风能与太阳能、燃料电池及柴油机等各种形式的发电装置，从而满足建筑的用电量，此时城市集中电网就作为一种供电方式进行补充利用。如果风力机发电能力较强，用户还能够将电能输送到电网中，进行出售。如果风力发电机的发电量不足，那么用户又可以从电网取电，从而满足居民的使用需求。在这种发电模式中，系统对蓄电池的要求降低，因此后期的维修费用相应降低，使整个过程的成本远远低于另一种方式。

自从风力发电被欧盟委员会在城市建筑的专题研究中提出后，国内外的很多研究学者都开始对该项技术进行深入研究，研究过程中遇到了很多新兴的问题，虽然通过相关学者的努力已经解决部分，但仍存在很多有待更加深入分析和研究的问题。因此，在建筑风环境中的风能技术利用方面还存在以下的问题。

①风能与建筑形体之间的关系。

②计算机模拟风场。

③建筑室内外风环境舒适度。

④建筑风环境中风力发电。

⑤建筑风环境的风能效益技术评估。

在风力发电中，人们通常通过以下因素来评价风资源：第一，风随时间的变化规律；第二，不同等级的风频、一年之内有效风的时间；第三，每年的风向和风速的频率规律。就目前的统计数据来看，评价风能的利用率和开发潜力的依据主要是风的有效密度和年平均有效风速。

建筑环境中的风力机可以直接安装在建筑上，也可以安装在建筑之间的空地中。目前，按照建筑上安装风力机的位置，可以将风能利用建筑分为以下三种类型。

①顶部风力机安装型建筑。

②空洞风机安装型建筑。

③通道风机安装型建筑。

在上述三种风力发电模式中，空洞风机安装型和通道风机安装型建筑需要一些建筑体型上的特殊构造，这使其广泛应用受到一定的限制，而第一种安装模式，对建筑体型的要求较小，同时安装比较方便，在现有的建筑中比较容易实现。

（三）新能源应用与绿色建筑

新能源是指以新技术为基础，尚未大规模利用，正在积极研究开发的能源，既包括非化石不可再生能源核能和非常规化石能源如页岩气、天然气水合物(又称可燃冰)等，又包含除了水能之外的太阳能、风能、生物质能、地热能、地温能、海洋能、氢能等可再生能源。

我国新能源分类如图 6-6 所示。全球各国现有的新能源的研究主要在能源开发方面，旨在解决能耗过大的问题。

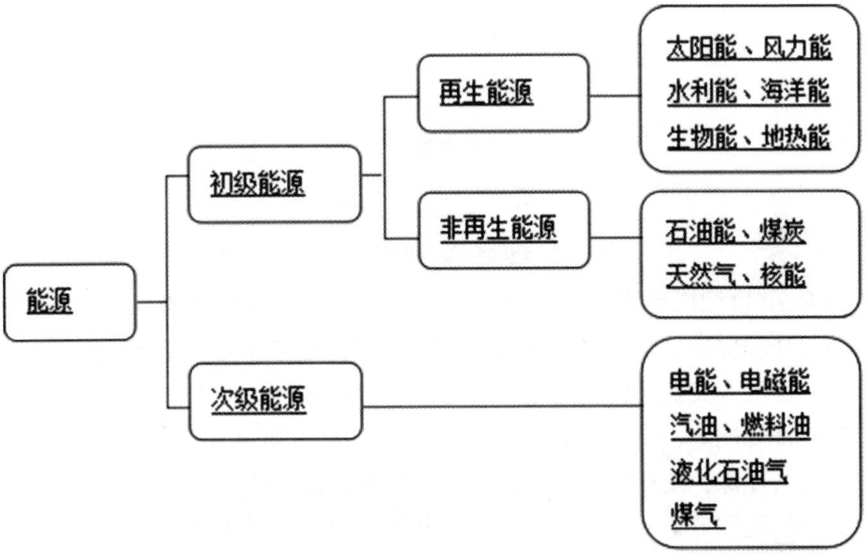

图 6-6　我国新能源分类

自工业革命以来，全球人口数量呈现出快速增长的趋势，同时经济总量也在不断增长，但是同样也造成了环境污染，全球变暖及这些问题带来的次生灾害，如酸雨、雾霾等情况，这些污染对人类的生存造成的威胁是毋庸置疑的。在环境污染、能源消耗及人口增长的大背景下，低碳概念与生态概念应运而生，这些概念的发展与应用是社会经济和环境变革的结果，它们将指引人类走上一条生态健康的道路。我国新能量利用量及结构如图 6-7 所示。

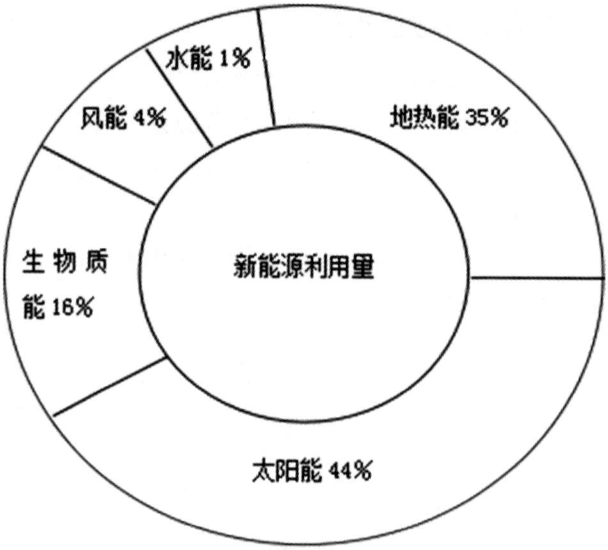

图 6-7　我国新能源利用量及结构图

摒弃 20 世纪以能源与环境换取经济发展的社会发展模式，选择新世纪技术创新与环境保护，促进经济可持续发展，也就是选择低碳经济发展模式与生活方式，保证人类社会的可持续发展是当今社会的唯一选择。

相对常规能源，新能源具有以下优点。

①清洁环保，使用中较少或几乎没有损害生态环境的污染物排放。

②除核能和非常规化石能源之外，其他能源均可以再生，并且储量丰富，分布广泛，可供人类永续利用。

③应用灵活，因地制宜，既可以大规模集中式开发，又可以小规模分散式利用。

新能源的不足之处在于以下几方面。

①太阳能、风能及海洋能等可再生能源具有间歇性和随机性，对技术的要求比较高，开发利用成本较大。

②安全标准较高，如核能（包括核裂变、核聚变），如果其工艺设计、操作管理不当，很容易造成灾难性事故，社会负面影响较大。

新能源的各种形式都是直接或者间接来自太阳或地球内部深处所产生的热能。

为了推进我国经济的科学持续发展，需要我国改变产业结构，减少对能源与资源的需求量。由于我国的能源消耗较大，虽然能源消耗量增长速度较低，但是对能源的需求总量还是十分巨大。

我国的经济目标为到 2020 年我国国民生产总值翻两番而能源消耗只翻一番，但是能源消耗量只翻一番的目标实现相对困难，因为高投入和高消耗的经济发展模式决定着我国的能源开发模式短时间内转变的可能性不大。我国国内生产总值的高速增长，城市化进程不断推进及基础建设持续进行，高能耗的状况可能延续到 2020 年。但是，从我国长期发展的角度来看，我国必须进行节能建设。

第七章　人体科学视角下的建筑设计

建筑设计主要是为人提供服务，以人体科学的视角来审视建筑设计具有的、不一样的意义。建筑设计一定要对人有一个科学、全面的了解。本章主要论述人体科学视角下的建筑设计，分别从人体工程学与建筑设计，人体尺寸与建筑设计，还有人的心理、行为与建筑设计四方面进行具体分析。

第一节　人体工程学与建筑设计

一、人体工程学的含义

关于人体工程学目前学界没有统一的定义。各个国家的学者从不同的角度出发对人体工程学所下的定义会有所出入。但是它们仍有共同点：一是研究目的是为了实现安全、健康、舒适与工作效率的最优化；二是研究对象是人、机、环境之间的相互关系。

任何一门学科都是针对特定的问题进行研究，然后建立理论体系，这体现的就是这门学科的科学性。任何一门学科都会运用理论体系所提出的、解决特定问题的方法，这就是学科的技术性。人体工程学作为一门技术学科，注重理论联系实际，更重视学科与技术全面发展。人体工程学最大的特点就是将人与物两类学科联系在一起，试图阐释人、机械、环境之间的关系。要理解人体工程学的含义，我们可以从以下四个方面着手。

①人的要素。在人体工程学中，人主要指作业者或者是使用者。设计人员主要研究人的生理特征、心理特征及人对环境与机器的适应能力，从而设计出满足人的操作习惯的产品，这也是人体工程学探讨的重要问题。

人体工程学在解决有关于人的问题时有两种解决办法，一是通过训练使人适应环境；另一种就是通过改良机器与环境来适应人的工作习惯。实际工作中任何系统都是按照人体工程学的原则进行与管理的。

②系统要素。人体工程学并不是单独研究环境、机器、人这些要素，而是

从整体的角度来审视这些要素。系统本身就是它所属的一个更大的系统的有机构成部分。人体工程学不仅仅是研究环境、机器、人这三种要素之间的关系，更要从系统的整体来研究各个要素。

③人的效能主要是指人的作业效能，通俗来讲就是人按照一定要求完成某项作业时表现的效果与成绩。解决人的管理问题最重要的就是通过什么样的途径来获得最高的作业效能。人的效能不仅仅取决于个人的工作能力、工作方法、工作性质，还取决于人、机器与环境这三个要素之间关系的处理情况。

④人的健康包括身心健康与安全。尤其最近几年，人的心理健康受到了广泛的关注。心理因素会直接影响生理健康与作业效能，人体工程学要研究工作过程中对人的心理、生理有损害的因素，还要研究这些因素对人心理、生理的损害程度。

二、人体工程学研究的主要内容

人体工程学研究的主要内容大致分为三个方面：工作系统的人、工作系统的机器及环境控制。人体工程学的内容与应用范围都非常广泛，人们通过对人体工程学的研究，来揭示工作系统中的人、机器与环境之间的相互关系，具体内容如下。

（一）工作系统的人的因素研究

人是工作系统基础的因素。人的生理、心理特征与能力是整个系统优化的基础，人具有两种属性，即自然属性与社会属性。对自然人的研究主要包括人体形态的特征参数、人的感知特征及人在工作中的心理特征等。对社会人的研究主要包括人在生活中的社会行为、价值观念、人文环境等。设计者通过对这些因素的研究进一步完善所设计的产品、工具、设施等与人的生理与心理特征的适应性，为使用者提供更加优质的服务。

（二）工作系统中的机器

不同的研究对象涉及的因素各不相同，机器因素的研究范围很广，具体归纳为建立机器的动力学、运动学模型、信息显示、安全保障、使用方法等。

（三）环境

环境的概念十分广泛，包括生产环境、生活环境、室内环境、室外环境、自然环境、作业环境、物理环境、化学环境、美学环境等。

三、人体工程学研究遵循的原则

人体工程学研究会涉及不同的学科，如生理学、心理学、工程技术、仿生学、生物技术等。在进行人体工程学研究过程中，我们应遵循以下两项原则。

（一）物理原则

物理中的杠杆原理、惯性定律等在人体工程学中同样适用，在处理问题的过程中应该以人为主，还要兼顾物理原则，既要不违反自然规律又要遵循人的发展规律。

（二）心理原则

人体工程学必须要兼顾生理与心理原则，生理与心理互相影响。尤其是心理原则，人的心理会受到人的教育、经历、社会文化等因素的影响，人体工程学研究一定要对这些因素进行重点分析。

四、人体工程学与建筑设计的关系

人类在生活中所使用的物质设施可以为人类的生活与工作提供便利。人们生活质量与工作效率的高低在很大的程度上取决于这些设施是否符合人类的行为习惯。自从人类诞生之后，人们就一直探索如何可以获得更高的生活质量与生产效能。虽然古代没有科学的理论与方法，但是人体工程学已经悄悄萌芽。旧石器时代的砍砸器使用起来就没有新石器时代的打磨器方便、顺手；秦代的青铜武器、车马器等，其构造、尺寸、形制都和人们实际的使用、操作状况紧密联系。这些都是人体工程学要研究的问题。

人体工程学概念的原意讲的就是工作和规律，人体工程学在国内外由于研究方向不同，产生了很多不同或意义相近的名称，如美国使用人因工程，而欧洲则使用生物力学、生命科学工程、人体状态学、人机系统等。

我国对于人与工具、人与空间环境之间的规律性研究有着悠久的历史。春秋时期的《考工记》曾有过明确的记载。明清时期南方的“天井院”为人的起居着想，三面或四面围以楼房，正房朝向天井并且完全敞开，以便采光和通风，各个屋顶向天井院中排水，正房一般为三开间，一层的中间开间称为堂屋，是家人聚会、待客、祭神拜祖的地方。

如今，人体工程学正是以达到舒适、安全、高效为目的，通过对人的生理和心理的正确认识，为建筑设计提供大量的科学依据，使建筑空间环境设计能够精确化，从而进一步适应人类生活需要。

第二节　人体尺寸与建筑设计

一、人体静态测量

在建筑空间与环境的设计中，设计者对尺度的把握是最根本、最重要的手段。尺度意味着人们可以感受到空间与物品的大小状况，它是将空间和物品与人体大小相比较后的结果。因此，人体尺度成了建筑设计、环境设计、室内设计、家具设计等设计工作的一项基本参考数据。人体静态测量是指被测者静立站着与坐着时进行的测量。

从人与机关系的角度来看，机的含义已经不能仅仅是在生产中所使用的机械设备。相对建筑学专业的要求，机应该指人类生活的空间环境所能够接触到并与人体产生关联的各种空间设施，其范围涵盖了建筑室内空间、室外空间中的一切人工制造的物品。在空间的宏观层面上，大到城市、乡镇，小到街区、街道；在空间的中观层面上，大到建筑、桥梁、道路等，小到环境设施、环境小品等；在空间的微观层面上，大到各类家具及与人关系密切的建筑设施，如门窗、楼梯、照明系统、供暖系统、空调和通风设施等，小到扶手、把手，甚至是开关旋钮、插座面板等，它们都属于“机”的范畴。而“人”的含义则不仅包括人体尺寸，还包括人体构造、生理特征、人的心理和行为等方面的问题。

（一）人体尺寸与人体测量学

人体测量学是通过测量人体各个部分的尺寸来确定个人与群体之间在尺寸上的差别的学科。虽然这是一门新兴学科，但是有着悠久的历史。早在1870年，奎特里就发表了《人体测量学》一书。在这之后，又有一大批数学家、哲学家、艺术家对人体尺寸进行了不断研究，并积累了大量的数据。

第一次世界大战期间，伴随着航空事业发展，人们急需人体各个部分的尺寸数据作为工业产业设计的准则。第二次世界大战期间，航空与军事工业产品对人体尺寸有了更高的要求，推动了人体测量学进一步发展。自此之后，人体测量学的研究成果不仅仅应用在军事及民用工业产品之中，在人们的日常生活中也得到了广泛应用。

（二）人体尺寸数据的来源

设计需要的是具体的某个人或某个群体的准确数据，因此需要对不同背景的个人和群体进行细致的测量和分析，得到他们的特征尺寸、人体差异和尺寸分布的规律，否则这些庞杂的数据就没有任何实际意义。众所周知，我国幅员辽阔，地区差异大，人体的尺寸也会不同。伴随着时代发展，人们生活水平不断提升，人体尺寸也会发生变化，想要得到全国范围内的人体各部位尺寸的平均测定值，是一项艰巨的工作。

（三）人体尺寸的分类

1. 构造尺寸

构造尺寸是指静态的人体尺寸，它是人体处于固定的标准状态时测量出来的。它对与人体有直接关系的空间和物体有较大的影响，主要为设计各种设备提供数据。在建筑内部空间环境的设计过程中，最有用的 12 项人体构造尺寸是身高、视高、坐高、臀部至膝盖的长度、臀部宽度、膝弯高度、侧向手握距离、垂直手握高度、臀部至足尖的长度、肘间宽度、肩宽、眼睛高度。

2. 功能尺寸

功能尺寸是指动态的人体尺寸，是人在进行某种功能活动时肢体所能达到的空间范围。虽然构造尺寸对某些设计的影响很大，但是对于大多数的设计来说，功能尺寸可能有更广泛的用途。人们可以通过运动扩大自己的活动范围，要根据人体构造尺寸解决一切有关空间和尺寸的问题是很困难的。

二、人体动态测量

人体动态尺寸测量是指被测者在动作状态下所进行的人体尺寸测量。任何一种身体活动，身体各个部分的动作都不是独立完成的，而是协调一致，具有连贯性与活动性。人体动态测量会受到多种因素的影响。因此，不能用人体静态测量的数据来衡量人体动态测量的相关问题。

（一）肢体活动范围与作业域

1. 肢体活动角度

肢体活动角度分为轻松值、正常值和极限值。轻松值多用于使用频率高的场所；正常值则用于一般场所；极限值用于不经常使用，但涉及安全的场所。

2. 肢体活动范围

人的动作在某一限定范围内呈弧形，由此形成的包括左右水平和上下垂直动作范围内的一定领域，称为作业域。由作业域扩展到系统全体所需的最小空间就是作业空间。作业域是二维的，作业空间是三维的。

3. 手脚的作业域

人们在日常的工作和生活中，无论是在办公室还是在厨房，都是或站或坐，手脚在一定的空间范围内做各种活动。这个域的边界是在站立或坐着时手脚所能达到的范围。这个范围的尺寸一般用比较小的值，以满足多数人的需要。手脚的作业域包括水平作业域和垂直作业域。

水平作业域是指人在台面上左右运动手臂而形成的轨迹，手尽量外伸所形成的区域为最大作业域，手臂自然运动状态下所形成的区域被称为通常作业域。

垂直作业域指手臂伸直，以肩关节为轴上下运动所形成的范围。垂直作业域与摸高是设计各种框架与扶手的根据，用手拿东西或者是操作时需要眼睛的引导，因此架子的高度会受到视线高度的影响。受视线高度影响的还有抽屉的高度等。门拉手的位置与身高有关，一般办公室用门拉手的高度为 100 cm，家庭用门拉手的高度为 80 至 90 cm，幼儿园门拉手的位置则相对较低。欧洲有些地区的门上会装有高、低两个门拉手，分别供成人和儿童使用。

4. 影响作业域的因素

①工作空间需要保持一定的活动行程。

②手的操作方式。

③活动空间内是否具有工作工具。

（二）人体的活动空间

人体姿态变换与人体移动所占用的空间构成了人体的活动空间。人体的活动空间要大于作业空间。

1. 姿态变换

姿势变换所占用的空间并不一定等于人变换前的姿态与变换后姿态占用空间的叠加。人在运动的过程中，重心会发生变化，力的平衡也会发生变化，还会伴随着其他肢体运动变化。因此，实际工作中不能保证占用空间等于上述的空间的叠加。

2. 人体的移动

人体在移动的过程中所占用的空间不仅仅包括人体自身占用的空间，还包括在进行连续性动作的过程中人体肢体摆动所需的空间。

3. 人与物的关系

人与物相互作用时所占用的空间范围可能大于或小于人与物各自所占空间之和。人与物相互作用时所占用的空间的大小要视其活动方式而定。

4. 影响活动空间的因素

①人的着装。

②人的姿态。

③各种姿态下工作的时间。

④工作的过程、方式及使用的工具。

⑤民族习惯。

（三）测量方法

测量人体尺寸参数过程中所使用的测量仪器有人体测高仪、坐高仪、角度计、人体测量用直脚规、人体测量用弯脚规等。我国对于人体尺寸测量的专用仪器已经制定了相关标准。

测量应该在人呼气与吸气的中间进行。测量有着严格的次序规定，从头到脚，从身体的前面，经过侧面，最后是后面。测量严禁压紧皮肤，以确保测量的准确性。如果没有特殊目的，一般只测量左侧。测量项目应该根据实际需求确定。

三、人体测量学在建筑设计中的应用

（一）数据选择

一般的建筑设计及相关产品都有特定的使用人群，建筑师除了要清楚了解使用者的年龄、性别、职业等信息，还要了解特殊群体的数据，比如老年人与残疾人。这样的数据对于建筑设计是有帮助的，会使建筑师设计的作品与使用者的尺寸特征相符合。

（二）基本原则

在设计中建筑师要正确应用人体尺寸数据，对人体测量的基本知识要有清晰了解，熟悉相关设备的操作技能，了解人工作中的工作环境、人的生理与心理的特征，这些知识是必备的。

人的身体尺寸数据是不一样的，但是建筑设计不可能满足所有的使用者。为了使建筑设计可以满足更多的人，根据建筑的用途及应用情况应用人体尺寸，建筑设计要遵循以下几项原则。

第一，极端原则。该原则根据设计目的，选择最大或最小人体尺度。由人体身高决定的物体，如门、船舱口、通道、床等的尺度要用最大尺寸原则，而由人体某些部位的尺寸决定的物体，如取决于手上举功能臂长的拉手高度则要用最小尺寸原则。

第二，可调原则。出于对人的身体健康及安全的考虑，在设计的过程中一定要遵循可调原则，也就是所选择的尺寸在第 5 百分位与第 95 百分位之间可调，这样可以满足更多使用者需求。

第三，平均原则。虽然“平均人”这个概念在设计中不太合适，但是很多建筑设计会采用平均的数据作为设计的依据，也就是会以第 50 百分位数值作为设计依据。

（三）衡量标准

1. 舒适性

尺寸衡量标准设定是为了满足不同的使用条件。火车卧铺按照功能尺寸来衡量肯定是合理的，但肯定没有五星级酒店的大床睡着舒服。坐过火车的人都知道，火车卧铺的高度也是不等的，但是宽度是一致的。火车卧铺的宽度是为了满足功能需要，而酒店的床铺的宽度不会像火车卧铺的宽度一样，舒适性也是有选择尺寸标准的。

2. 安全性

在一些涉及安全问题的场所，往往会使用极限尺寸去限制或保护人们以避免发生危险。这些尺寸是以安全性为标准的。

（四）注意事项

①在实际的设计过程中，尺寸并不会很精确，并会受到形式的影响，如公共场合中的大门把手设计就需要考虑到形式问题，不同材质和色泽的物体在环境中的尺度要和人的感受相结合。

②明确设计的使用者与操作者的真实情况，这样设计的产品才会有一定的针对性。因此，在设计的过程中一定要充分考虑使用者的特征，如性别、体型、身体健康状况等。

③确定设计产品的类型。设计产品功能尺寸的主要依据是人体尺寸百分位数，而选择人体尺寸百分位数又要依据产品类型。

第三节　人的感知与建筑设计

一、人的视觉特征与空间视觉特性

（一）人的视觉特性

严格来说，视觉是一种视觉知觉活动，即各种环境因子对视觉感官的刺激作用所表现出来的视觉知觉效应。人的视觉具有以下特性。

1. 光知觉特性

光是人们认识世界上一切物体的媒介，是视觉的物质基础。光的本质是电磁波。人对光的刺激反应表现为分辨能力、适应性、敏感程度、可见范围、变化反应和立体感等一系列光知觉特性。

2. 颜色知觉特性

颜色是由不同频率的电磁波所产生的，各种颜色的光谱都在可见光的光谱范围内。

3. 形状知觉特性

光对物体各部分的作用不同，人对物体形状的图形知觉也会产生差别。形状知觉特性表现为人对图形、背景、形态与空间形象的认识。

4. 质地知觉特性

由于光对物体表面作用的差异，物体表面的质地就呈现出来了。人对物体表面质地的感觉即质感，其通常表现为光滑程度、坚硬程度等。

5. 空间知觉特性

人在视觉空间中依靠多种客观条件和机体内部条件来判断物体的空间位置，从而产生空间知觉。空间知觉特性表现为人对空间的开放性、封闭性等特性的认识。

6. 时间知觉特性

由于光对物体和环境作用的强度和时间长短不同，所以人对环境的适应程度和辨别能力也不一样，这就是视觉的时间特性。

7. 恒常特性

人总是根据生活中的音响、知识、经验去知觉事物。人对于对象的大小、形状、亮度、颜色等印象与客观刺激的关系并不完全服从于物理学规律，尽管外界条件发生了一定变化，但是人在观察同一物体时，之前的印象仍然是恒定的。人对固定物体的形状、大小、质地、颜色、空间等特性的认识，不因时间和空间的变化而变化，这就是视觉的恒常特性。

综上所述，由于环境因子的刺激量和人的接受水平存在差异，故对于同一环境，每个人的反应是各不相同的。在众多因子中，光和颜色对环境氛围的影响最大。

（二）空间视觉特性

根据图形的视觉特征，物质空间具有冷暖、明暗、方向、深度、形态、大小等视觉特征。这些特征会通过人的感觉系统被我们所感知。除此之外，人的听觉、嗅觉等也对空间知觉有一定的作用。这些感觉特征为残疾人的无障碍设计提供了依据。

1. 空间大小

空间大小主要是指几何空间尺度的大小及视觉空间尺度的大小。几何空间不会受到环境因素的影响，也就是说，几何尺寸小的空间显得小，几何尺寸大的空间显得大。视觉空间尺度，是经过比较产生的视觉概念。

视觉空间的大小会受到光线、界面质地等因素的影响。在室内，人数多就显得空间变小，人数少就会显得空间大。小朋友使用大人的空间就会显得空间大，反之，成年人使用小朋友的空间就会显得小。

空间尺度控制是建筑设计与室内设计的关键所在。室内空间尺度主要取决于行为空间尺度及知觉空间尺度这两个因素。

在建筑设计的过程中人们一般会考虑成本，没有特殊的要求，室内空间不会设计得很大，尤其是室内的净高比较低，在设计的过程中我们应充分利用视觉特征，要使室内空间变大，可以采用以下几种方法。

第一，以低衬高。室内净高较低时，可以采用局部吊顶的方法，增加视觉空间上的高度。

第二，以小比大。室内空间较小时，可以选择一些相对矮小的家具，或者是装饰物。这种方法在住宅、办公室、旅馆、商场等的设计中经常使用。

第三，化大为小。地面铺装选择小尺度或者界面分割，对比整体空间的尺度就会显得较大。

第四，界面延伸。可以将墙面延伸至顶棚，显得空间变高，或者是将相邻的两面墙在交接处设计成圆弧形，使空间显得更大。

除了上述的四种方式之外，建筑师还可以借助对光线、界面质地的艺术处理，使空间显得更加宽敞。

2. 空间形态

任何建筑都具有一定的空间形态，空间是基本的几何形体，由立方体、锥体等几何形体组合而成，再加上室内的装修及色彩设计就构成了空间丰富多彩的形状与艺术效果，常见的空间形态如下所示。

①母子空间。

②共享空间。

③流动空间。

④封闭空间。

⑤结构空间。

⑥开敞空间。

⑦迷幻空间。

3. 空间方向

建筑师通过室内空间各个界面处理、配件设置和空间形态变化，可以使室内空间产生很强的方向性，如走廊、楼梯等。

4. 空间深度

空间深度一般指与出入口相对应的空间距离，它的大小会直接影响室内景观的层次。在设计时可以把某些对象从背景中优先区分出来，如对由于表面颜色不同而造成同一物品轻重有别的错误予以清晰反映的特征叫知觉选择性。小巧轻便的产品涂着浅色，使产品显得更加轻便灵活在背景中区分出来。而机器设备的基础部分则采用深色，可以使人产生对象和背景的差别，对象和背景的差别越大，对象越容易从背景中区分出来，交通上利用这种错觉规定圆形表示区分，并优先突出，给予清晰的反映，如“禁止”或“强制”的标志等用红色套印或用特别的字体排版印就非常醒目，特别容易区分。

5. 空间明暗

空间明暗主要取决于室内的光环境和环境的艺术处理，还有各个界面的质地。空间明暗会直接影响人们对空间视觉的感知。

6. 空间冷暖

空间冷暖在设备上取决于采暖和空气调节设备，在视觉上则取决于室内各个界面、室内家具和设备的各个表面的色彩。在空间中采用冷色调就会有冷的感觉，采用暖色调则会有暖的感觉。

（三）色彩空间感

色彩相对于空间形象更加抽象，色彩总是依附于某种空间形式，色彩感觉与空间感觉是不可分割的。因此，这两种感觉也是相互影响、相互依存的。

①色彩的膨胀感与收缩感。相同面积的两块不同颜色，看起来其效果不一样大，有的感觉比实际大，有的感觉比实际小。一般而言，暖、浅、亮的色有膨胀感，而冷、深、暗的色有收缩感。根据颜色的这种特性人们在包装设计时，如为了强调商品的量而采用暖色系；如为贵重商品强调其品质时，则考虑用冷色系。在日常生活中，人们也可根据自己的胖瘦、年龄、高矮等条件选择合适色泽的衣料。

②色彩的前进感与后退感。即便是在同一位置上的不同颜色，人们也会产生视觉上的偏差，有的看上去比较近，而有的就比较远。不同的颜色会引起人们距离感觉上的差异，前进色一般是指暖色、纯色、亮色，后退色一般是指冷色、暗色、灰色等。建筑师在建筑设计中注意运用色彩的前进色与后退色，可以获得有效的空间感与层次感。

一般来说，进退感对比最强的色彩组合，是互补色关系，在“红绿”“黄蓝”和“白黑”这三组两极对立的色彩组合中，红、黄、白表现得十分突出、抢前，而绿、蓝、黑则明显退缩为前者的背景。在蔚蓝天空背景上的霜叶、黑板上的粉笔字之所以如此醒目，皆得益于这种进退感对比。

二、人的听觉特征与听觉环境设计

（一）人的听觉特征

根据声音的物理性能、人耳的生理机能、人的主观心理特征，与建筑环境声学设计关系密切的人的听觉特征主要表现在以下几个方面。

1. 听觉适应

具有正常听力的健康青年能够觉察 16 ~ 20 000 Hz 的声音，25 岁之后，人对 15 000 Hz 以上频率的声音的灵敏度会显著下降。随着年龄增长，人对频率感受的上限逐年下降，这种现象叫老年性听力衰减。除了年龄之外，个人的生活习惯、营养状况及生活紧张程度，特别是环境噪声对听力的影响也很大。

人对环境噪声的适应能力很强。对于健康人来讲，在安静的环境中住习惯了，搬到喧闹的环境中居住，开始时会不适应，但是居住一段时间后就会习惯。反过来，再搬回原来住的地方，一开始还是会不习惯，会感到寂寞。但是人对噪声积累的适应是不利于健康的，特别是噪声很大的时候，会造成永久性耳聋。因此，进行室内声音环境设计时，首先要控制噪声，然后再进一步考虑室内音质。

2. 听觉方向

物体的振动产生了声音，声音的传播具有一定的方向性，这是声源的重要特性。声源在自由空间中辐射出的声波的分布有很多变化，但大多数有下列特征。

第一，当辐射声音的波长比声源尺度大得多时，辐射声能是从各个方向均匀发射的。

第二，当辐射声音的波长比声源尺度小得多时，辐射声能大部分被限制在一个相当狭窄的射束中，频率越高，声音越尖锐。

第三，音调与音色。音调是由主观听觉来辨别的，除了个体差异之外，它还与声音的频率有关。频率越高，音调越高；频率越低，音调越低。音调与音色对室内音质设计的影响很大。如何使室内音质丰满、悦耳，这就涉及了室内吸声材料布置和音响系统配置。

第四，响度级和响度。声音的声级是一个客观的物理量，它与发生在人主观心理上的感觉并不完全一致。用来描述主观感受上的物理量称为响度级。

第五，听觉与时差。实验证明，人耳感觉到的声音响度，除了与声压及频率有关外，还与声音的延续时间有关。

（二）听觉环境设计

1. 噪声控制

（1）控制声源

控制声源是降低室内噪声最有效的方法。建筑师在建筑规划时就要考虑室外环境噪声对室内的影响。建筑师在设计前要做好调查工作，根据环境噪声的强度和分布情况制定出“噪声地图”，力求使室内对音质要求高的房间远离声源。办公室、绘图室等进行脑力作业的房间应尽量安排在远离噪声的地方。建筑设计时，应使噪声大的房间尽量远离要求人集中精力的房间，中间用其他房间隔开作为噪声的缓冲区。室内声源控制可以采用以下三种方法。

①降低声源的发声强度。该方法主要是改善设备性能，车间里的机器设备要尽可能采用振动小、噪声小的机器；民用建筑的空调设备，特别是冷水机组的压缩机，要尽可能选用噪声小的机器；在办公区、商业区及住宅区内行驶的机动车，要限制其喇叭声。

②改变声源的频率特性及方向性。设备的声源主要由制造厂家设计和改进，而使用单位要做的主要是合理安装设备，尽可能使设备的发声方向不要与声音的传播方向一致。

③避免声源与其他相邻的传播媒质耦合。该方法主要是要改进设备的基座，减少固体声传播。其最有效的方法是通过加固、加重、弯曲变形等手法处理产生噪声的振动体，也可以采用不共振材料来降噪。

（2）控制声音的传播过程

声音主要是通过空气和固体物质传播的。控制声音传播过程的方法有以下几种。

①增加传播距离。随着传播时间的增加或者传播距离的增加，声音的声强会逐渐减弱，故可以使声源远离使用者停留的地方。

②吸收或限制传播途径上的声能。该方法主要是采用吸声处理，在有声源的房间里，可在顶棚和墙面处布置吸声材料，其作用是吸收部分声能，减少声音反射和回声影响。在以下情况下，可以考虑安装吸音板：一是安装吸音板后可以使房间的回声时间缩短四分之一，使办公室的回声时间缩短三分之一；二是房间高度低于 3 m；三是房间高度高于 3 m，但体积小于 5 000 m^3。除此之外，还可以采取绿化等降噪措施。室内绿化能够阻挡声音传播，起到一定程度的降噪作用。

③利用不连续媒介表面的反射和阻挡作用。

2. 隔声

隔声的方法主要有三种，如下所示。

①声源可采用隔声罩。

②对接收者可采用隔声间的结构形式，如空调机房、锅炉房等噪声大的地方，可为工作人员设置独立的控制室，使其与声源隔开。

③对噪声传播途径可采用隔声屏障与隔音墙的结构形式。隔声屏障的位置应靠近声源或接收者，并做有效的吸声处理。隔音墙的自重要大，为了便于电源引线和维修，可以在隔音墙上开口，但开口面积不能超过隔音墙面积的10%。

（三）声景设计

声景是一个非常复杂的现象，对声景的描述与评价也是一个非常复杂的过程。建筑师对听者、环境之间的相互关系也应该进行全面考量，为在空间中进行声景设计提供依据。在城市环境中进行声景设计的策略如下所示。

①大多数人比较喜欢自然的声音，如鸟鸣声、水流声和乐声，较讨厌的是人工的声音，特别是机器所制造的声音，包括车辆声、喇叭声等，但后者恰恰是城市空间中所充斥着的声音，这种声音被称为噪声污染。空间环境设计需要降低噪声，引入具有意义的前景声与标志声。前景声与标志声可以对背景声进行掩护，更好地区分空间上的声景与城市的背景声。

②在前景声和标志声设计中，设计者除了要考虑声景元素本身的物理特征、心理特征和社会特征以外，还要考虑建筑空间界面的布局和细部设计对声音的混响时间的影响，如用凹凸不平的建筑表面可以显著缩短混响时间。通过计算机模拟可以精确地计算出开敞空间的声场。另外，在室内声学中通常被认为是缺陷的回声、聚焦等，在室外环境空间设计中应予以重新考虑。若设计得当，则会增加空间的趣味性。

③通过改善环境空间中的视觉景观来改善空间中的声景。人们通过研究发现，对大多数的环境声音而言，“好”或“中等”的景观可以提升人们对声音的好的感觉，但是“不好”的景观会降低人们对声音的好的感觉。大多数情况下，人们通过改善当下的视觉景观，可以改善声景品质。

④在环境空间中可以使用室内环境常常使用的背景音乐。在城市的开敞空间中，可以通过这种方法来获得较好的声环境品质，并降低包括车辆噪声等在内的基调噪声。音乐能提高环境质量，增强环境的舒适性。在音乐家和环境设计师的合作下，各具特色的音乐公园、音乐柱、音乐钟等都是开敞空间设计时可以考虑的手段。

植物和土丘对噪声有缓冲作用。研究发现，浓密的叶子可降低噪声，一般来讲，城市中都会有常青的植物，它们不仅仅是为了美化环境，还可以降低噪声。

三、人的感知与建筑环境设计

（一）建筑环境的构成

根据构成空间的大小来划分，建筑环境可以分为三种：微观环境、中观环境、宏观环境。

微观环境是指室内环境，包括室内的设备、装饰、家具、设备、绿化及活动在其中的人。

中观环境是指一栋建筑甚至是一个小区，包括周围的建筑物、交通系统、绿地、水域、公共设施、公共场所以及流动在中观环境中的人群。

宏观环境的范围相对广泛，可以是一个乡镇、一个城市，也可以是一个国家，甚至是整个地球的所有人口与动植物体系、人工建筑群及交通网络与环境设施等。

微观环境设计是指室内设计与装修，中观环境设计是指建筑设计与小区规划，宏观环境设计是指整个区域规划及在此范围内的生态环境的综合开发与利用等。

（二）人对建筑环境的需要

规划与设计的终极目标不是创造一个有形的工艺品，而是创造一个满足人类需要的环境。我们对环境有各种要求：走在大街上，希望人行道宽敞而且上面没有机动车；进入电梯里，希望电梯不要太拥挤而且升降平稳；走进自己的办公室，希望办公室里的空调运行正常，且自己工作时不会被别人打扰。另外，有一些人不愿意住在城市中而愿意住在市郊，因为他们希望生活得更安静一些，与大自然更亲近一些，住房更宽敞一些。而那些住在城市中的人们，他们希望生活更便捷一些，社交更广泛一些，离工作单位更近一些，与朋友的联络更方便一些，信息也更灵通一些。因此，对环境的选择是几种需要共同作用的结果，人们不得不在多种需要之间权衡各种利弊和代价。

研究人对环境的需求十分重要，也是人们面对环境需要的重要问题。

对于建筑师与规划师而言，他们需要了解人们的环境需求。环境需求是人们出于自我保护与避免疾病的意识对实质环境提出的客观要求，也就是规避听力损害等疾病，还有规避心理上的疾病，如在环境中无法自我认同。

环境需求有时候是非常强烈的，如在相对封闭的空间中，人们对通风、照明有着急切的需求。环境需求有时候是隐性的，但是隐性并不代表不存在，这种需求还处于潜在阶段，目前人们对这种需求不明显，但不代表以后也不需要。

1. 人对建筑环境信息的需要

曾经有过环境行为实验，被测试者最难以接受的并不是高温或者是高噪声的效能实验，而是知觉剥夺实验。很多测试者都不希望在这种测试环境中停留过多的时间，而是希望赶快离开。

人对环境信息的需要是十分必要的，人们会不自觉地收集关于环境的信息，如空间的形态与结构、空间的特征、所处的位置信息等，以进一步确定自己所处的环境，人们的感觉器官也会不自觉注意周围环境的变化，知觉主要是要求人在与环境的接触中，主动调节自身的行为来适应环境变化。实际上，这是人类的生存本能。

2. 环境需要的内涵

环境需要不仅是人对环境信息的需要，还包括其他方面的需要，比如住在公寓的老年人，他们渴望可以在户外的某一个地方坐坐，可以遮风避雨，因此建筑师设计每一套公寓时就要留有一个阳台，可以让他们坐着，并欣赏户外的风景。但是，这并不能得到住户的好评，他们需要的是一个公共场所，不仅可以满足他们坐坐的需求，还要满足他们可以与他人交流的需求。这种需求可以理解为社会需要。

如果了解人们有哪些环境需要，并且知道环境能满足哪些需要，我们就能了解个人的行为，并预测个人的反应。有一种需要涉及安全，包括人身安全。还有一种需要与环境评价的方式有关，对某些人来说，宁静、完整、和谐等是最重要的，而对另一些人来说，环境的功能更重要，如接近工作单位、交通便捷、容易开展业务等。某些需要会随着人年龄的增长而消失，有些需要则会持续存在。

3. 建筑环境需要的层次

（1）健康与舒适

人们在活动过程中难免会面临一些外部世界的刺激，有一部分刺激是来自个体应激与环境压力，不同的人会对这些环境刺激有不同的认识。

关于这个层面的环境需求，首先会提到的就是安全、健康、舒适。这些要求也是人最基本的需求。人们总是尽量避免危险、颠簸和不可预见的环境，追求可预见的、稳定的、健康的环境。

对健康与舒适环境的要求主要是基于个体，不管是谁，只有认识与理解周围的环境，才可以实现自己的目的。

（2）可选择的活动机会

环境不仅仅是被体验的对象，也是人们用来满足个人计划的工具。人们在环境中有各种活动的需要，环境设计就是为人们的这些活动提供空间和环境的。任何层面的环境设计，包括城市规划、城市设计、建筑设计、室内设计等，都是通过土地使用、空间配置、功能安排、设施布置等决定环境的时空结构介入环境与人的交互作用的。

环境提供的活动是可以选择的，活动机会层面的环境需要往往强调人们对环境与空间的利用的过程。

（3）对社会和文化体系的认同

个体通过对环境的认知与利用，获得了所需要的社会交流，形成了自我认同，最终确定了社会文化体系。

环境可以提供多种的社会与文化准则，凡是参与其中的人都会了解这些准则。行为与环境共同构成了一个框架，框架的存在限定了可能产生的干扰行为，也规定了行为的产生范围。

（4）环境期望

环境期望可以划分为基本期望与满足期望，基本期望就是环境必须要达到的要求，如果基本期望也不能满足的话，环境就会对个体造成直接伤害。满足期望就是高级要求，当环境可以满足人们的高级要求时，人们就会非常满足。

第四节 人的心理、行为与建筑设计

一、环境心理学与建筑设计

（一）环境心理学概述

由于所接受的教育、社会文化、民族、地区等不同，不同的人在空间中的行为也会出现差异，行为特征与心理研究对建筑空间环境的设计具有重要的影响。

在人与人之间的相互作用、人的行为方式中，空间环境的形态起着很大的作用。阿尔特曼认为，空间地使用既由人来决定，同时它又决定着人的行为。

人的心理活动并不是一成不变的，会随着时间与空间的变化不断变化，每一个人的性格、爱好、文化素养、气质不同，心理活动也是千差万别，因此造就了心理活动的复杂性。

环境心理学虽然是一门新兴的学科，但是也是一门快速发展的学科，环境心理学主要研究环境与人的行为之间的相互关系，且作为心理学的一个重要分支，它以心理学的相关概念与方法来研究人与环境、空间之间的相互作用关系。

（二）心理空间

人们并不仅仅以生理的尺度去衡量空间，对空间的满意程度及使用方式还取决于人的心理尺度，这就是心理空间。

1. 个人空间

每个人都有自己的个人空间，这个空间具有看不见的边界。在一般情况下，个人身体前面所需要的空间范围要大于后面，侧面的空间范围则相对较小。个人空间还具有灵活的伸缩性，人与人之间的密切程度就反映在个人空间的交叉与排斥上。但在一些特殊场合，对个人空间的要求不那么严格，如在拥挤的交通工具上或是在演唱会、足球场的观众席里。影响个人空间的因素有很多，如文化素养、宗教信仰、社会地位、个人状况、喜好等。

2. 人际距离

人际距离是指人们在相互交往的过程中，人与人之间所保持的空间距离。按照人的不同感官所反映的不同空间距离，人际距离可分为嗅觉距离、听觉距离、视觉距离，详述如下。

①嗅觉距离。嗅觉的感受范围有限，当气味不是十分浓郁的情况下，在 1 m 之内人才可以闻到这种气味，当气味十分浓郁的时候，人一般在 2 ~ 3 m 处就可以闻到。

②听觉距离。听觉距离的知觉范围比较广泛，在 7 m 以内，交谈是没有任何问题的，在大约 30 m 的距离时，可以听清楚演讲，但是正常的交流是有问题的，一旦超过 35 m，人一般只能听清楚高分贝的叫喊声，具体内容就无法听清了。

③视觉距离。视觉距离同样有相当大的知觉范围。在大约 100 m 的地方，人们可以看见人影或者是具体的个人。在 70 ~ 100 m 的地方，可以准确看清人的性别与面貌，在大约 30 m 的地方，可以看清人的面部特征、发型和年龄；当距离小于 20 m 时，则可看清人的表情；如果距离为 1 ~ 3 m，就可以进行一般性的交谈。

3. 领域性

领域性是指个体或群体对一个地带的排外性控制。领域性行为运用于人本身的分析和研究始于 20 世纪 70 年代。

领域性与个人空间最大的不同就在于，领域性并不会伴随着人的移动而产生转移，领域性更加强调专属性，任何私自的闯入者都会遭到抵制。人与动物的领域性也并不相同，动物的领域性具有生物性，人的领域性则是会受到来自社会与文化等多方面的影响，不仅具有生物性，还有社会性。

（1）领域的类型

①主要领域。它指由个人或群体所拥有或占用的空间领域，可限制别人进入，如家、房间及私人空间等。

②次要领域。与主要领域相比，其显得不是那么专门占有，这类空间领域谁都可以进入，然而还有一些个人或群体是这里的常客，因此这类领域具有半私密、半公共的性质，如会所、俱乐部等。

③公共领域。公共领域中个人与群体就谈不上占有空间，如果一定要说有占用也只能称之为暂时性的，当个人使用结束之后，这种短暂的占用也会消失。

（2）领域性的作用

①安全。安全是基本的需求，很多占有领域都是出于人对自身安全的需求，生物在自己的领域中可以感受到安全。不管是人类还是动物，只有在领域的中心才会有安全感。人们对鸟类与鹿类的研究说明安全、食物与性并不能完全概括领域行为的主题，例如两只鹿在很大的草原上放养，大大超过其所要占有的领地，但他们还要在彼此间划出一条界线；在一座岛上放养一群罗猴，不久就自然形成了相互竞争的小群体，各有一定的领域界限，接着两群中各有一些猴子偷越边界到对方领域内，进行短暂的挑衅，然后回到本群中去。个体间、群组间的竞争机制在现代社会中也有很多表现，只是形式不同而已。

②相互刺激。不管是动物还是人，为了领域产生的斗争也时常发生，只不过是表现形式不同而已。刺激是机体生存的基本要素，如果个体失去刺激之后，就会出现心理与行为的失常。

③自我认同。自我认同是指领域与领域之间维持各自所具有的特色，可以更好地区分彼此的特性。人们一旦控制了某一个领域之后，这种特性就会具体化。

④控制范围。控制领域的方法主要有两种：一是领域人格化，二是对领域的防卫。对于一个领域的控制范围来说，边界常常是引起刺激、竞争、矛盾的地方，因此边界对于空间范围来说具有不可忽视的地位。在近代人类社会中，领域也表现为不同层次上的管辖范围，大到国家、民族，小到单位、个人。在同一层次不同管辖范围的边界上就很可能会产生矛盾、刺激、竞争。国家有边界，单位有围墙，没有围墙也有经过协定的空间范围，范围不明确就可能产生争执，要经过谈判协商或裁决。领域性与社会管理中实际执行的所有制是密切关联的，如果是单位所有制，则单位与单位的领域界限必然分明，这是“封建割据”还是领域性的体现，值得人们研究。

4. 私密性

私密性并不等同于个人独处，私密性强调的是个人与群体有目的或者是有选择性的与他人接近，可以决定交往的方式与途径，可以选择在什么时机与他人交换信息。私密性与公共性是相对概念，它们都是人的社会需要。

（1）私密的类型

①孤独。

②亲密。

③匿名。

④保留。

（2）私密性的作用

①个人自我感。

②表达情感。

③自我评价。

④隔绝干扰。

二、环境行为学与建筑设计

（一）环境行为学概述

环境行为学作为一门新兴的学科，主要研究人的行为规律及人与环境、人与人之间的相互关系，研究范围很广，会涉及很多因素。

环境与行为的交互作用可以归纳为三点。第一，环境提供知觉刺激，这些刺激能在人们的生理和心理上产生某种含义，使新建成的环境能满足人的生理、心理及行为需要。第二，环境在一定程度上鼓励或限制个体之间的交互作用。第三，人们主动建造的新环境又是影响自己的物质环境，它又成了一个新的环境因素。

（二）人的行为与建筑设计

1. 行为空间的尺度

以人在环境中的行为表现，建筑空间可划分为大空间、中空间、小空间、局部空间等行为空间。

①大空间是指具有公共行为的空间，空间尺度较大，空间感开放。

②中空间是指具有事务行为的空间，既不属于单一的个人空间，也不属于相互没有联系的公共空间；既有开放性，又有私密性。

③小空间是指具有很强个人行为的空间，具有很强的私密性，空间尺度不大，可以满足个人的行为活动需求。

④局部空间是指人体功能尺寸空间，可以满足人的活动范围与动态活动需求。

2. 行为空间分布

根据人在环境中的行为状态，行为空间的分布可以划分为有规则与无规则这两种情况。

（1）有规则的行为空间

有规则的行为空间大多数为公共空间，主要表现为前后、左右、上下及指向性分布状态的空间。

前后状态的行为空间，一般是指具有公共行为的空间，如普通教室、观众厅等。前后两个部分的人群分布，要根据行为的具体要求，重点是根据人际距离来确定行为要求。

左右状态的行为空间包括我们常见的展览厅、画廊等具有公共行为的空间。建筑师在设计这类空间的时候要着重解决安全与疏散问题，使用消防分区的方法来设计各空间。

指向性状态的行为空间，一般是指通道、走廊等具有明显方向感的空间，在其设计过程中一定要注重人的行为习惯。空间方向一定要明确清晰，并具有指导性。

（2）无规则的行为空间

无规则的行为空间的分布状态没有十分严格的要求，一般比较随意，在设计这类空间的过程中，不能过于死板，一定要灵活掌握。

3. 行为空间的形态

常见的空间形态有圆形、方形、三角形及其变异图形，如长方形、椭圆形、钟形、马蹄形、梯形、菱形等，其中以长方形居多。究竟采用哪一种空间形态，要根据人在空间中的行为表现、活动范围、分布状况、知觉要求、环境可能性及物质技术条件等因素来研究确定。

三、人际行为与交往空间

人际行为是指具有一定人际关系的各个方面所表现出来的、相互作用的行为。人际行为的内容广泛，本身就是一种错综复杂的行为。人际行为可以让人交流信息，增进情感。

社交行为所需要的交往空间是多种多样的，可分为正规的社交活动空间、一般的社交活动空间和随机的交往场所。正规的社交活动空间是固定的，并有特定的环境氛围，如礼堂、会议厅、接待厅等，其环境氛围要求明亮、大方、端庄、豪华。一般的社交活动空间是不固定的，其对环境氛围及空间私密性的要求不高，有一个安静的交往场所即可。随机的交往场所的空间环境更加灵活，如亲朋好友间的交往可以在家中，也可以在公共场所的一角，还可以借助餐桌或者某个娱乐场所的一角，其对环境氛围的要求是安静、亲切，不受外界干扰。

（一）起居行为与交往空间

经过研究发现，人的一生中有百分之十以上的时间是在起居室中度过的。起居室可以供人休息、学习、娱乐。一般会出现在起居室内的人都是与起居室主人关系比较亲密的人，这种环境的人际距离一般不会超过 4 m，因此交往空间不用过大。起居行为一般注重亲密性、自由性、放松性。

（二）服务行为与交往空间

服务行为是指顾客与服务人员之间交互作用的一种行为，服务行为一般情况下是以顾客为主的，偶尔也会出现以服务人员为主的情况，服务行为具有一定的复杂性。按照交往方式的不同，服务行为可以划分为以下几种。

1. 间隔式服务行为

顾名思义，间隔式服务行为是指顾客与服务人员之间存在一定的间隔，如我们常见的收银台、服务台等，在这种服务行为中，服务员的位置是固定的，顾客的位置是流动的，这种服务行为对交往空间是有一定要求的。

间隔式服务行为的交往空间与氛围要取决于服务性质，既要显示出服务人员的热情态度，还要显示出交往空间的舒适性。

2. 接触式服务行为

这种服务行为中顾客与服务员之间没有隔离障碍，必须要通过接触才可以产生服务，如我们常见的理发店、美容院等，这种服务行为的交往空间并不固定，可以是流动的，也可以是固定的。交往行为的空间大小应该满足个体之间的服务要求。接触式服务行为的交往空间并不相同，但是接触式服务行为一般具有私密性，避免了尴尬。

3. 近前式服务行为

近前式服务行为是指服务员主动到顾客跟前的一种服务行为，如餐厅里的就餐行为、客车里的售票行为等。这种行为的特点是顾客相对是固定的，服务员是流动的，故这种行为的交往空间取决于顾客所占有的空间。服务员与顾客之间的距离属于个人距离，距离一般为 0.45 ～ 1.3 m。这种行为空间的环境氛围取决于顾客的行为表现及其心理需求。

（三）商业行为与交往空间

1. 公共距离的交往

顾客与业主之间的距离大于 4 m 时，他们之间的交往往往会停留在视线的交换上。顾客的注意力大部分在寻求自己所需的商品上，当然也不排除顾客在闲逛的可能性。业主不能过分热情，过分的热情会让顾客产生一种厌倦的心理，甚至是很快就会离开。业主应该做的就是立即起身接待顾客，当顾客走近的时候再主动接待。公共距离的交往，应该注意分寸。

2. 社会距离的交往

当顾客与业主的距离为 1.3 ~ 4 m时，此时顾客可能对某种商品产生了兴趣，业主应主动介绍。这是人与人之间应有的交往，也是业主促销的最好时机。社会距离的交往，应该加强商品的展示，以便吸引更多的顾客。

3. 个人距离的交往

当顾客与业主的距离在 1.3 m 以内时，此时的人际关系是一种服务行为，这是营销的关键时刻，若业主诚实、热情地对待顾客，往往能达成交易。

在个人距离交往中，应该加强业主服务的质量。在商品的周围应该有简单的价格与质量介绍，必要时还可以配备一定的试用品，方便顾客购买商品，试用品的目的就是增强顾客的购物体验。

4. 洽谈行为与交往空间

洽谈行为所需要的交往空间、场所与位置并不是固定的，交往空间的大小与环境氛围之间有很大的规律性。洽谈行为的交往空间场所，可能是固定的洽谈室，也有可能是社交场所的一角，还有可能是宾馆的一角。具体会选择哪一种场所，要视具体的情况而定，人们一般会根据洽谈的性质、洽谈的重要程度及双方的需求与经济条件来进行选择。重大的洽谈会选择正规场所，一般洽谈的选择标准相对宽松。洽谈一般具有私密性，对于环境与空间的要求相对严格，洽谈的空间不能过大，可以容纳双方代表即可，洽谈双方的距离不能过大，不能超过 4 m。即便是在公共场所进行洽谈，也要与他人保持一定的距离，保持洽谈活动的私密性。

第八章　建筑设计的现代发展

我国经济快速发展推动了建筑的持续创新，随着新型城市与城镇出现，现代建筑设计理念也在发生着质的转变。建筑师建筑设计思路更加开阔，设计理念更加新颖，设计方向更加多元化。本章将对现代建筑设计的理论观点与基本美学规律、现代建筑设计理念的创新基础、现代建筑设计原则与特点、可持续建筑与生态建筑设计进行阐述。

第一节　现代建筑设计的理论观点与基本美学规律

一、现代建筑设计流派的理论观点

随着时代发展，人们的物质和精神方面需求日益增长，新的建筑创作理论和方法应运而生。它并不排斥原有的建筑美学规律，而是原有美学规律反映时代特征与需求的综合再现。

现代建筑创作是遵循建筑基本美学规律的，有着理论基础和观点。

现代建筑美学规律是建立在现代主义建筑的理论基础之上的、关于现代主义建筑的理论观点，建筑学家吴焕加先生曾概括出以下五个主要方面。

①强调建筑随时代而发展变化，现代建筑要同社会的条件与需要相适应。

②号召建筑师要重视建筑物的实用功能，关心社会的经济、技术、艺术等方方面面的问题；重视建筑空间设计，提倡内容与形式表里如一。

③主张在建筑设计和建筑艺术创作中发挥现代材料、结构和新技术的特质，提倡技术与艺术结合。

④主张坚决抛开历史的建筑风格和样式的束缚，按照今日的建筑逻辑，反对外加装饰，从建筑形体和建筑量所构成的建筑体量中探寻建筑的美，灵活自由地进行创造性设计与创作。

⑤主张建筑师借鉴现代造型艺术和技术美学的成就，创造工业时代的建筑新风格。

二、现代建筑设计的基本美学规律

建筑是人造的空间环境，不但要满足人们一定的物质功能需求，而且还要满足愉悦、舒适的精神功能需求。

创造人性化的建筑空间环境，应当遵循建筑美学规律，建筑美学规律要体现在具体的建筑艺术形式中，其要具有普遍性、恒久性、多样统一性。

新建筑运动倡导者格罗毕乌强调：任何事物都不是孤立存在的。它所表现的形式是一种观念的化身，建筑师的每件作品都是建筑审美观念的自我表现，从表现的形式上都具有统一性。有机建筑倡导者赖特、美籍意大利建筑师保罗·索勒瑞都提出了建筑与整体自然环境有机协调的思想，他们认为保障阳光、空气、水、植被、地势、气候等生态环境正常运行有益于人类的健康发展，它们都强调局部服从整体的多样统一性。人们从有关建筑表现形式的研究中会发现建筑中的审美主导特征——建筑形式美的规律，还有建筑计构思和表达所遵循的美学规律。

完美的建筑设计创意构思和表达都要运用建筑形式美学规律进行表述，从而实现人类物质和精神文明的功能需求。建筑的基本美学规律可概括为点、线、面、体及色彩质感等要素的普遍组合构成规律，建筑的基本美学规律可概括体现在以下几个方面。

（一）建筑几何图形体量取得统一

现代建筑大师科·布西耶认为简单的几何图形体量是最美的，简单、明确的几何图形体量具有抽象的一致性，抽象的一致性具有确定的几何关系，消除了随意性。这种建筑构成观点对建筑作品影响很大，很多优秀建筑作品不论是平面、形体构成，还是细部处理，都以圆、方、三角等几何图形体量作为建筑构成的依据，从而获得建筑的高度完美统一。

（二）主从关系

协调统一是由差异而产生的。古希腊哲学家赫拉克利认为，建筑构图为达到协调统一，无论是从平面构成到立面造型还是建筑内部空间处理，无论是单体还是群体都必须体现主从关系、重点和一般的关系，否则各要素、构件平均处理，同等对待，即便构成整齐，也会因单调而失去统一。

美国亚特兰大桃树中心广场旅馆中庭的建筑处理正是运用圆弧使其成为空间视觉的中心，取得引人注目的艺术效果。如果没有这一重点核心，中庭会让人感到平淡、松散，失去主从关系的统一性。

（三）对比和统一关系

对比是借助形体相互烘托陪衬求得丰富变化，统一是借助彼此之间的协调和连续求得调和一致。若是建筑没有对比，那么统一便会显得单调，就像在建筑构成中主要体现为不同形状、不同角度、不同体量、不同方向等。

1. 不同形状对比

不同形状的对比主要是曲直对比，直——给人以刚劲挺拔感，曲——柔美活泼，人们通常通过刚柔对比，使建筑富有变化。中国古建筑屋顶曲直对比处理、西方古典拱柱式结构建筑，均是采用曲直对比建筑艺术处理方式的成果案例，现代悬索、壳体大跨越空间结构建筑也是通过曲直对比关系来加强建筑的表现力。

2. 不同视觉角度对比

在园林建筑中，因为视觉角度变换、时空差异、景致差别，所以能够让人感受到多种不同的艺术效果，让人获得亲切的心理感受，或是让人获得压抑的心理感受，抑或是一种崇高感。

3. 不同体量对比

在空间组合方面，两个毗邻空间大小悬殊，由小空间向大空间过渡时，人们会因相互对比关系而产生豁然开朗之感。这种欲扬先抑的手法主要是用来衬托主要空间。

4. 不同方向对比

在建筑的对比和统一设计中，建筑师通常运用相同元素如矩形进行组合。由于建筑各部分通过矩形长度的比例不同，因此产生了横向、纵向、竖向感，它们交错交叉处理，对比变化，从而使建筑产生了良好的艺术效果。

第二节　现代建筑设计理念的创新基础

一、建筑设计理念创新的基础

（一）建筑设计透视原理

透视是一种绘画活动中的观察方法，通过这种方法可以归纳出视觉空间的变化规律，如近大远小、近宽远窄、近高远低等。

1. 视点和视距

眼睛观察物体所在的位置称为视点，从透视理论上看，代表视点主视方向的心点永远在视域内画面的中心，而景物视点可以从高、宽、深三个不同角度选择构图，这些可变因素为建筑画的写生和创作提供了选择性与灵活性。构图时设计者可以按照自己的需要选取角度，或者运用透视夸张表现对象的主要特点。

（1）视点

视点与视平线同高，面对景物，视点上下移动会引起视平线高度的位置变化。视平线是画面中上下分割景物与构图的基准线，关系到构图中景物的比例及消失变化的缓急。当视点接近作画者的正常高度时，上下景物在画面上的比例相当，消失变化缓急均匀，给人一种稳定舒适感，其通常称为平视透视关系；视点偏高时，视平线位于景物上方，地面、建筑屋顶等均在视线范围内，犹如从高空向下看物体一样，这种透视关系通常称为俯视；视点偏低时，视平线位于景物下方，上半个视域充实，物像近高远低，层次分明，表现高层建筑尤为明显，这种透视关系称为仰视。

①视距较近情况下的仰视透视关系。仰视透视关系是在视距较近的情况下对高大建筑所产生的视觉效果，这种透视适用于表现高大建筑形成三点透视。与俯视相反，原垂直画面的一组垂直线发生消失变化，向上的纵深感就会加强。仰视可以表现冲入云霄的透视效果，画面视觉冲击力强，在绘画作品中选择仰视，可以突出中心思想。

②人在自然站立状态下的平视透视关系。平视透视关系也叫“人眼图”，是人在自然站立状态下所观察到的建筑透视效果，视距较为合理，可以用平行透视和成角透视进行绘画表现。在建筑绘画表现和创作中平视透视关系应用较多，以视平线为分界线，景物在画面上的分配比例要适当，表现建筑高度的轮廓线应垂直于画面，从而形成稳定的视觉效果。

③视平线较高状态下的俯视透视关系。俯视透视关系也叫“鸟瞰图”，是人在视平线较高的状态下向下观察看到的立体图，比平面图更具有真实感。视线与水平线有一俯角，图面上各要素一般都根据透视投影规则来描绘，其特点为近大远小、近明远暗，一般应用于规划设计，表现比较大的场景。如果视平线提高，近距离表现建筑物的高大，这样就很容易形成三点透视，原垂直画面的一组垂直线也发生消失变化，向下的纵深感得到加强。

视点与物体之间会形成固定的焦点透视关系，因此选择方位在建筑画表现中也很重要。一般物体不动，视点进行移动、选择角度，或者视点固定，对运动的物体进行观察，这两种方式所形成的观察过程是一样的。当这种运动在某一位置上停止，形成相对静止的观察方位就会获得一种透视关系，视点与物体的方位关系就决定了画面与物体间的基本状态。在建筑画的表现和创作中建筑师可以运用不同视角观察物体，找到最佳的创作角度完善作品。在实际创作中，建筑师要遵循透视规律，利用透视特点把握画面，做到灵活处理。

（2）视距

作画者眼睛的位置与所观察的景物之间的距离称为视距。视距不同，眼睛看到的物像多少和高低会有差异，形成的画面效果也不尽相同。因此在建筑画表现中，视点除了对描绘的景物采取横向、纵向的选择外，还要考虑深度的选择变化。适当调节视距，可以协调所描绘物体在构图中的主次关系及其与周围环境的对比关系。下面就视距适中、视距较远、视距较近出现的不同特点进行分析。

①视距适中。视距适中，建筑物的形体在画面中的大小适中，后面的建筑露出，透视变化不再悬殊，远近建筑关系较视距近的画面协调，画面中不会产生强迫堵塞感。

②视距较远。视距较远的作品，建筑透视平缓，视距长，视域圈大，没有急于涌入视觉的现象，透视性格温和，建筑物的组合关系表达充分、错落有致。

③视距较近。视距近，建筑物的形体高大，相对消失点离心点近，具有强烈的近大远小的高度透视差异，即使后面还有建筑物也会被遮挡住，两侧的物体透视变化相对平缓，从而衬托出主体建筑的雄伟高大。其适用于表现建筑结构的近距离效果，但处理不好会使画面拥堵不流畅。

2. 透视类型

透视类型包括一点透视（也称为平行透视）、两点透视（也称为成角透视或余角透视）、三点透视（包括俯视和仰视）、一点斜透视（简易两点透视）、阴影透视、倒影透视、轴测图等。透视类型不同其应用领域也不同，但它们都离不开透视基础原理。在高校课程中透视类型主要有投影透视、阴影透视、画法几何透视等。在建筑画写生与创作中人们往往会简化透视分析过程，运用熟练的透视技巧和敏锐的透视感觉快速表现画面透视，这称为应用透视。在建筑画写生和创作时一点透视、两点透视、三点透视较为常用，下面对其进行应用分析。

（1）一点透视

一点透视也称平行透视，是当画面中主要物体的一个面的水平线平行于视平线，其他与画面垂直的线都消失在一个消失点所形成的透视。一点透视比较适合表现纵深感较大的场面，表现场景深远，可令画面呈现庄重、稳定、严肃的感觉。其缺点是如果处理不好构图就会显得平淡、呆板。因此，选择此类透视应视画面需要而定。

一点透视的画面主要突出的是主体建筑的高大及梁柱产生的视觉秩序美感。消失点位于画面中心，建筑形体呈左右对称，结构稳定，画面纵深感较强。为打破主体建筑对称构图带来的呆板效果，远处建筑及近处配景采用均衡构图处理，以增加画面的灵活性。

下面以距点作图法为例说明一点透视的作图方法。

①在已确立视平线、灭点、距点关系后，按高宽比例画出建筑正面原形。

②从相关一侧的高度分割点向灭点画一组纵深透视线。

③以正面原形左下角为始点向左画水平线，并且按原比例长度将建筑纵深度及其分割点标记于水平线上。

④从水平线上的各标记点向距点连线，各连线与建筑侧面底边相交，从底边各交点向上画一组垂直线并与各纵深透视线相交，平行透视图完成。

（2）两点透视

两点透视也称成角透视。当建筑主体与画面成一定角度时，各个面的各条平行线向两个方向消失在视平线上，产生出两个消失点，即两点透视。这种透视表现的立体感强，画面自由活泼，能反映出建筑的正、侧两个面，容易表现出建筑物的体积感，并且还能够具有一定的明暗对比效果，是一种具有较强表现力的透视形式，在建筑表现图中运用广泛。

两点透视的作图方法如下。

①合理确立视平线、视点、心点关系。

②根据所画建筑与画面所成角度，从视点向上画互相垂直的夹角线并与视平线相交出左右灭点，左右夹角互为 90° 余角。

③按原高度比例画出建筑最近垂直边并从其顶端、底端及各高度分割点向左右灭点连透视线，然后分别以左右灭点为圆心，将视点旋转至视平线上，相交出测点 1 和测点 2。

④通过最近垂直边底端（或顶端）画水平线，并且以左右进深尺寸的原比例分别标于水平线左右两侧。

⑤从水平线左右进深分割点分别相对连向测点 1 和测点 2。连线分别与底

边成角透视线相交。

⑥通过各交点向上画垂直线，各垂直线与相关高度的成角透视线分别相交，成角透视图完成。

（3）三点透视

当表现对象倾斜于画面时，没有任何一条边平行于画面，其三条棱线均与画面成定角度，分别消失于三个消失点上，即为三点透视。这种透视方法具有强烈的透视感，特别适合表现那些体量硕大或透视强烈的建筑物。在表现高层建筑时，当建筑物的高度远远大于其长度和宽度时，宜采用三点透视的方法。

（二）建筑设计的场景处理

是否具有空间感是决定建筑设计表现图中场景处理成败的关键因素。所谓空间感就是建筑设计表现图中的前后层次。人们在绘制过程中要尽可能避免建筑空间平面化，以丰富画面的前后层次。这除了要靠透视关系中的前后关系之外，还要靠在表现过程中运用色彩对比、光影强弱变化、笔触的粗细、画面虚实等来体现建筑设计空间表达中“空”的含义。

1. 色彩对比

色彩由明到暗、由冷到暖、由浓到淡的退晕过渡可以体现室内空间的前后及远近关系。色彩对比是体现建筑空间进深的有效手段。另外，在建筑空间的近处或远处同样存在着色彩对比。若想着重强调近处，则加大近处的色彩对比；若想重点突出远处，则加大远处色彩对比。当然其还要与光影强弱对比协调一致。

（1）纯度对比

一个鲜艳的红色与一个含灰的红色并置在一起，人们就能比较出它们在鲜浊上的差异，这种色彩性质的比较，称为纯度对比。

色彩中的纯度对比：纯度弱，对比的画面视觉效果就比较弱，形象的清晰度较低，适合长时间及近距离观看；纯度强，对比会出现鲜的更鲜、浊的更浊的现象，画面对比明朗、富有生气，色彩认知度也较高。

（2）冷暖对比

因色彩感觉的冷暖差别而形成的色彩对比称为冷暖对比。色彩的冷暖对比会受到明度与纯度的影响，白光反射率高而令人感觉冷，黑色吸收率高而令人感觉暖。

（3）补色对比

将红与绿、黄与紫、蓝与橙等具有补色关系的色彩彼此并置，使色彩感觉更为鲜明，纯度增加的手法，称为补色对比。

2. 色相对比

因色相的差别而形成的色彩对比被称为色相对比。色相距离 20 度以内的对比称为邻近色对比，它是很弱的色相对比。色相距离 20 ～ 80 度的对比，称为类似色对比，它是中等的色相对比。类似色对比的色相感要比邻近色对比明显、丰富、活泼些，可稍微弥补邻近色的不足，却又能保持统一、和谐、单纯、雅致等优点。

3. 笔触粗细对比

若是手绘表现建筑设计效果图，那么在画面的中心区（一般为远处）采用较细腻的笔触而近处则采用较宽的粗笔触，同样可以获得空间的进深感。另外，材质纹理的大小变化同样可以看作是笔触的粗细对比，同样可以帮人们达到相同的目的。

4. 画面虚实对比

结合素描关系，表现图中往往将主体刻画得比较仔细，而次要的物体表现得就比较模糊，用的色彩和光影关系比较弱。这样也很快能够体现出建筑设计的主体和画面深度。

5. 光影对比

光影就是光线照射在非透明物体上，在物体的背光面留下的灰色或黑色空间即“影”。阴影现象虽是客观存在的物理现象，但如果物体一旦产生影子，那么设计者就要想好光源来自哪里。光影营造出了建筑的形态美、肌理美。光影艺术表现其实就是设计图纸中通过光的性能描绘出立体感、层次感都比较强的效果图。当然光源有点光源、线光源等，但在建筑手绘中所指的光线统一为直线光。

光影强弱对比同样可以表达建筑空间的前后和远近关系，如近处光影对比强烈，远处光影对比减弱。减弱的程度视视觉空间的深度而定。但这也不是绝对的，有时也应该灵活运用，比如为了使画面的视觉中心集中，也可以处理成远处光影对比强烈而近处光影对比减弱。总之，光影对比的强烈程度会产生远近不同、前后不同的效果。

第三节　现代建筑设计原则与特点

一、现代建筑设计原则

（一）与环境和谐原则

现代建筑设计的核心是生态环境的整体性，它关注的焦点不是传统意义上的功能和形式，而是现代建筑在人文与自然环境中的适当地位。这种艺术形式不是将建筑设计强加于自然，而是融合其中，那么建筑师也将从个体创作转变为公共艺术的策划者、协调者和塑造者。

其设计审美和价值取向的原则有以下几个。

1. 地域特征原则

充分认识场所的自然属性，尊重大地与空间。了解地域环境文脉传承，注重其内在的、精神上与视觉上的城市性格指向，彰显城市精神。

2. 宜人尺度原则

不能用虚张声势的形态抹杀人的比例，对人的速度和尺度的观照就是对自然本身的观照，使之成为与人类生活相关的艺术。

3. 绿色设计原则

绿色设计原则是一种以节约自然资源和保护生态环境为指导思想的新思路、新方法，通过设计使有限的资源有生机、可分解、可再生。人、艺术、自然共荣共生，生态和谐是基本要求。公共环境中系统化的公共艺术设计最终应实现形式风格、文化形态、实用功能与环境的有机整体性融合。

（二）美的原则

现代建筑的艺术表达是在满足人们生理、行为、安全的需求之上，更加注重自我价值及尊严实现等高层次的精神需求。现代建筑设计主要是创造一种人为的空间实体形态，让人们在环境生活中获得全方位满足，其首先应在视觉上具有美感，因此美学原则是设计领域普遍遵循的基本规律也就是必须符合形式美的基本法则。现代建筑设计是艺术范畴中的一部分，形式审美法则虽然不是绝对规律，但它具备了人类审美的共同要素，即通过点、线、面、体、色彩、肌理、质感、装饰等要素按一定的形式法则构成普适的艺术原理，这是人们通过长年针对自然与人为美感的实践归纳总结的艺术手法与观念，掌握并充分运用它是现代建筑设计者的基础能力。

二、现代建筑设计特征

（一）自然性

每个人都必须轻柔地触碰大地，这句话意味着现代建筑设计不再是单纯强调美观、舒适性和趣味性的主观需求，而是更要充分尊重植被、水源、地势等土地特征，将现代建筑设计形式、布局及技术对基地的影响降至最小。

现代建筑设计与城市公共艺术一样，保持原生态（日本专家称之为原风景）的理念不可或缺。现代建筑设计的形式不是凭空而来的，是建立在其本身结构、材料、空间与环境互动存在的基础之上的，也就是所谓的“形式追随生态”。野口勇在现代建筑设计中非常关注与自然环境结合和生态理念，从他的创作中我们可以看出，他尽可能为民众带来视野宽广、与自然融为一体的空间环境，并在此基础上达到了满足民众的舒适要求，并减少耗能、减少设备系统的目标。这正是现代建筑的应有状态同时也是依据“自然之理”发挥现代建筑所在地的“自然之利”。

（二）与地域性融合

在现代建筑设计中，城市公共艺术是不可或缺的要素之一，无论是广场还是公园，或是小小的街旁绿地，它们都需要创作精良的景观作品来起到点睛之用。不同的城市处于不同的地理位置，其所具有的城市地域性也是不同的。所谓的地域性是指由某一特定区域的不同地形地貌、自然环境、人文特征、历史传承等因素，且经过长时间的同一定性而形成的、认识事物的独特视角及心理感受。

地域性内涵丰富，就时间上来讲，在历史发展的各阶段，现代建筑设计应具有持续性；就空间来讲，现代建筑设计又有其独特性和主导特性。而所谓的地域关怀，就是建筑师对其所处地域特色予以充分的适应与尊重。在现代建筑设计中，只有尊重并且顺应该地的地域性，才能创造出适应当地群众的现代建筑景观，才能使现代建筑更好的服务大众，并且成为城市地域特色的载体，越南建筑事务所武重义工作室在东京六本木为“TOTO GALLERY·MA”建造的竹林馆就与当地历史文化性充分融合，使其具有浓厚的地域特性。分析现代建筑设计的地域性关怀的表现，主要体现为以下两个方面。

1. 对地理环境的关怀

对地理环境的关怀是指对当地的地貌、气候等自然环境特征的尊重。建筑地域性的一个重要的体现因素之一就是其所处的地理环境特色。不同的地域都有各具特色的气候和物产。就我国而言，从宏观上讲，我国幅员辽阔，东西、南北的气候差异较大，季节、降水情况都有所不同，而从小的角度来看，不同地域的物产、习俗甚至语言都是不相同的。厘清地方的地理环境特色，对现代建筑设计营造来讲是十分重要的。

2. 对地方文化及民俗的关怀

世界各地民族众多，不同的民族在长期的发展演化过程中形成了不同的民俗和文化。城市中的公共艺术作品只有顺应了当地人们的民族文化习俗，才能被当地人们所接受，才能发挥出愉悦于人、适宜于人的最大社会功能。地方文化及民俗不仅体现出不同城市的地方风格，同时也是体现不同城市独特文化风貌的一个重要的因素。

地域性关怀重在对大众心理需求的关怀，现代建筑设计是城市人文环境的重要组成，在城市公共艺术设计创作中，只有对作品所处的环境做出充分调研，重视公众的参与度，与群众充分沟通，这样才能创造出优秀且充满地方文化及民俗的现代建筑作品。例如，位于重庆市沙坪坝区三峡广场的一系列以川江号子为主题的雕塑作品，重庆市是嘉陵江与长江的汇合地，该地自古以来便是河流运输中转地，当地特有的川江号子更是重庆地域文化的代表，该系列雕塑作品不仅体现了重庆的地域性，更充分表现出了重庆的地域性所带来的特有历史轨迹。

第四节 可持续建筑与生态建筑设计

一、可持续发展建筑设计

（一）可持续建筑的意义

可持续发展是指既能满足当代人的需要，又不会影响后代的需求的发展模式。可持续发展是现如今大家关注的热点，地球只有一个，如果地球环境持续遭受破坏，地球上适宜人类生存的环境终有一天会消失，因此生活在地球上的每一个人都要保护我们人类生存的环境。

建筑的可持续发展正是国际上建筑相关领域的不同角色为了实现人类可持续发展战略所采取的重大举措和对国际潮流的积极回应。

1. 可持续建筑的社会因素

建筑属于一种人工构造的环境，建筑主要是为了满足人类的精神生活需要和物质生活需要，建筑的直接目的就是为了改造自然环境。传统建筑活动虽然为人们提供了生活住所，但是由于在建筑过程中过度消耗自然资源，从而产生了许多粉尘、建筑垃圾、城市废热等，这对人类生活环境造成了严重的污染。

据调查表明，建筑消耗了全球二分之一的资源，其中包括能源、水资源、耕地占用及建筑材料。建筑不仅消耗资源，而且建筑产生的废物也对地球造成了污染，并且危害着人类的身体健康。最令人担忧的是，建筑不仅对建筑者带去了健康威胁，也为整个社会环境带来了严峻的挑战。

2. 可持续建筑的技术因素

由于各个地区地理环境不同，每个地区的建设环境也大不相同，一个地区的建筑模式代表了一个地区对地理、历史及资源的态度。现如今为了保护生态环境，建筑需要减少二氧化碳排放量，需要开发新的能源，如太阳能、风能、生物能等。

建筑需要寻求和开发新的技术，这样才能解决建筑消耗过多能源的问题，人们在寻求新方法时要考虑到地方的差异性，并且要注重因地制宜。在建筑的过程中应该选择当地现有的资源和建筑材料，选择适合当地的建设技术，在建造工艺上不能“偷工减料”，这样才能使建筑的寿命周期更长久。

可持续建筑思潮不断影响着建筑师和工程师，他们认为自己承担着全球可持续发展的重大责任。建筑领域新的道德规范正在形成，其主要是建立在良性环境影响的基础上形成的。建筑的寿命周期取决于建筑师在设计时的思考，建筑领域有很多建筑师和工程师都在思考如何为环境措施建立一套方法论。

在建筑实践中，建筑技术也随着社会进步而进步，不仅建造技术发展的更加合理，设计水平和技术水平也在不断提高。如果设计人员能够考虑到可持续发展，并且在设计时能够减少对自然环境的破坏，那么社会的发展就不会影响到我们的后代。

（二）可持续建筑的设计策略

可持续建筑在设计时，可以采取层层深入的设计方法。其可以采取四个层次的生态技术策略，这四个层次中包含了绿色建筑评价标准中的各项评价指标。

①积极开发可再生能源，高效利用石化能源。

②建筑时排除的废物还对生活环境造成了负面影响，因此可以在建筑周边做一些生态环境作为补偿。

③在考虑到节能的条件下，创造出健康舒适的室内环境，在生态策略选择中要优先选择主动式设计策略。

④在建筑过程中，应注意墙体建筑，建筑物的外围结构是建筑节能的关键，因此在考虑门窗材料和构造的节能上可以选用绿色节能的材料。在建筑节能方面，由于结构体系的潜力很大，所以改革的重点应该是结构体系整体化。

总而言之，可持续建筑设计策略是最能够体现整体优先、资源整合、继承创新的建筑策略。

二、可持续建筑设计的动机

（一）不良建筑室内环境对人类健康的影响

由于社会不断发展，人口不断增多，建筑也随之变得多而复杂，建筑也引发了一些社会关注的焦点问题，如建筑对环境造成的污染、建筑引起的人类身体健康问题等。许多国家为了控制建筑对人类健康的影响，专门制定了法律法规。

不良建筑室内环境对人类健康有着诸多影响，我们知道如果室内空气受到污染会对身体造成不良的影响，室内空气污染还会影响到人们在空间内的活动，并且还会对人们产生许多间接影响。一旦建筑里住上了人，室内环境对人体健康危害的问题就不会停止，其贯穿于建筑的整个寿命周期中。室内环境包括热、声、光和室内空气环境，其中室内空气环境对人体健康的影响最大。

影响室内空气环境、造成室内污染的物质主要是化学污染物、生物污染物等，污染的主要来源包括室内居民及其活动释放的二氧化碳、香烟烟雾、建筑材料和室内设备释放的挥发性有机物、建筑通风空调系统传播的颗粒物和生物污染及从室外传播到室内的各种污染物等。

一般来说，在建设项目的建设阶段和验收阶段需要相关机构对其进行环境影响评估。这更加显示了专业技术人员在设计、材料设备制造、建造和运行管理的每一个环节和每项日常技术工作中避免建筑对环境和人类健康影响的重要性。

（二）建筑对资源的影响

随着科技进步和经济发展。自然界中对人类无用的物质也可以变成有用的资源。建筑消耗的主要资源包括以下几点。

1. 能源

能源按利用方式可分为燃料能源和非燃料能源。

（1）燃料能源

燃料能源主要指煤炭、石油、天然气、生物质能、核燃料。

（2）非燃料能源

非燃料能源主要指太阳能、风能、潮汐能、水能、地热能等。

目前，全球能源消耗中燃料能源仍然占主导地位。在燃料能源使用过程中，会排放烟尘、二氧化硫、氮氧化物、二氧化碳等污染物，污染环境空气，威胁人体健康。排放二氧化硫和氮氧化物会造成地区性酸雨，威胁生态系统；二氧化碳等温室性气体排放，造成了全球气候变化，造成全球变暖。

因此，减少使用燃料能源特别是化石燃料能源，大量使用非燃料能源，能够减少环境污染。建筑应该把节约能源，大量使用非燃料能源和可再生能源作为追求的目标之一。

2. 材料资源

建筑消耗的各类常规材料达到了相当大的比例。建筑寿命周期是指从建筑规划、设计、建造、运行维护直到拆除的全过程。采用优化的建筑构造和结构体系，将节约建筑材料的使用量，同时提高建筑的质量，减少维护和加固等，这也是节约建筑材料使用量的一种方法。另外，尽量采用对环境影响小的材料和能够回收利用的材料，保证建筑拆除后，材料能够继续使用，同时不因掩埋和处理废弃材料破坏环境及占用土地，这是建筑材料资源节约的主要目标。

3. 土地资源

建筑是人类艺术和技术结合创造的空间构筑物。空间构筑物总是要占用土地的。土地是陆生生物赖以生存的家园，更是人类的家园，是人类食物的主要供应源。在满足人类住区对建筑数量要求的前提下，节约土地是实行绿色建筑的重要条件之一。

4. 水资源

建筑会消耗大量水资源，同时会向环境中排放生活污水、工业废水、农业退水及其他废水，威胁水环境。建筑应把节约用水和减少废水排放，尽量对其进行无害化、资源化处理作为追求的目标之一，以保护自然界的水资源，从而保证人类自己有丰富的、清洁的水资源可供利用。

三、生态建筑设计原则

生态建筑设计要协调好建筑与人之间的关系、建筑与自然之间的关系、人与自然之间的关系这三种相互关系。基本设计原则从生态学原理和可持续发展观出发，有以下几点设计原则。

（一）生态优先的原则

建筑无论在哪个地区哪个国家都是生态系统组成的一部分，生态系统在进行建筑活动之前，要明确整个生态系统的结构和功能，这主要是因为除生态系统外的部分功能之和小于整个生态系统的功能。现如今，在建筑活动开始前人们首先要考虑的就是保护地球的生态环境，保持整个生态系统的平衡，合理利用现有资源，这样才能够使地球长久的发展。

另外，在建筑活动开始前人们不仅要考虑到生物的生态环境需求，还要考虑到社会及人民对生态环境的需求，要使建筑生态系统功能与社会结构相适应。而且在建筑活动时，还要考虑生物生存的发展空间、生物物种是否能与建筑相平衡。

有一种建筑属于盲目建设，这种建筑只考虑人的生存发展需要，忽略了建筑服务和建筑上层功能，如果这种盲目建设大肆泛滥就会造成资源浪费，会严重破坏地球的生态系统。

（二）满足人与自然和谐发展的需要

人与自然和谐发展是建筑活动的最终目的，只有人与自然和谐发展，才会保证整个生态圈平衡。生态建筑活动的出发点是以人的需求为准的，满足人的生存发展是社会进步的根本动力，但是在建筑活动中不能为了满足人的需求而忽略其他生物的生存需要，也不能为了保护生态环境而降低建筑成本或是忽略人的需要。两者必须要协调发展，这样才能够保证人与自然和谐共处。

（三）因地制宜的原则

首先，建筑活动要与建筑周围自然环境相适应。研究表明，如果建筑与当地地形、气候、水资源相协调，会使建筑具有舒适健康且更高效的性能；如果建筑忽视其周边环境和周边资源，就不会具有舒适健康高效的性能。如何提高建筑对环境气候的适应能力成了当下人们需要解决的重要问题，许多建筑师提倡采取“被动式”设计策略，“被动式”设计策略就是利用场地现有的自然资源，减少使用昂贵的建筑设备。

其次，建筑活动要与周围的人文环境相适应。一个地方的人文环境能够体现出一个地方的民俗和文化，在建筑过程中要注重当地的历史文物保护，将当地传统文化发扬光大，并且在建筑过程中要适应人文环境的新需要。

参考文献

[1] 白旭.建筑设计原理[M]. 武汉：华中科技大学出版社，2008.

[2] 曹茂庆. 建筑设计构思与表达[M]. 北京：中国建材工业出版社，2017.

[3] 董莉莉，魏晓. 建筑设计原理[M]. 武汉：华中科技大学出版社，2017.

[4] 霍珺，韩荣，陈嘉晔. 环境建筑设计与表现[M]. 沈阳：辽宁美术出版社，2014.

[5] 贾宁，胡伟. 建筑设计基础[M]. 2版. 南京：东南大学出版社，2018.

[6] 荆其敏，荆宇辰，张丽安. 建筑空间设计[M]. 南京：东南大学出版社，2016.

[7] 黎昌伦. 现代建筑设计原理与技巧探究[M]. 成都：四川大学出版社，2018.

[8] 李通. 建筑设备[M]. 北京：北京理工大学出版社，2018.

[9] 刘春香. 建筑设计[M]. 沈阳：东北大学出版社，2007.

[10] 牟晓梅. 建筑设计原理[M]. 哈尔滨：黑龙江大学出版社，2012.

[11] 齐亚丽，田雷，王雪莹. 建筑装饰设计原理[M]. 2版. 北京：北京理工大学出版社，2015.

[12] 吴瑞卿，祝军权. 绿色建筑与绿色施工[M]. 长沙：中南大学出版社，2017.

[13] 杨丽. 绿色建筑设计——建筑节能[M]. 上海：同济大学出版社，2016.

[14] 杨倬. 建筑方案构思与设计手绘草图[M]. 北京：中国建材工业出版社，2010.

[15] 张建华. 建筑设计[M]. 北京：中国电力出版社，2007.

［16］张亮．绿色建筑设计及技术［M］．合肥：合肥工业大学出版社，2017．

［17］张嵩，史永高．建筑设计基础［M］．南京：东南大学出版社，2015．

［18］郑玮锋，彭子茂．建筑设计基础［M］．北京：中国建材工业出版社，2013．

［19］诸葛雨阳．创意·空间·设计［M］．南京：东南大学出版社，2012．

［20］朱瑾．建筑设计原理与方法［M］．上海：东华大学出版社，2009．

［21］侯岳君，于文龙．建筑设计项目管理理论方法探讨［J］．城市建设理论研究（电子版），2017（34）：144．

［22］郭妍．被动式建筑设计基础理论与方法研究分析［J］．居舍，2018（05）：145．

［23］王勇．建筑设计中生态建筑理论的应用［J］．建材与装饰，2018（51）：63-64．

［24］薛小敏．建筑设计与室内设计联系分析［J］．居舍，2018（34）：107．

［25］吴杰．生态建筑理论在住宅建筑设计中的应用［J］．住宅与房地产，2018（36）：52．

［26］刘雪飞．浅谈建筑设计理论实践的起点［J］．城市建设理论研究（电子版），2018（27）：82．

［27］黄强．运筹学思想建筑设计方法浅探［J］．建材与装饰，2018（42）：99-100．

［28］王玉珏．关于住宅建筑外立面设计的探讨［J］．居业，2018（10）：39-40．

［29］李丙义，李树鑫．基于场所理论的建筑设计方法分析［J］．中外建筑，2018（11）：51-53．

［30］代露．建筑住宅设计中生态建筑理论的运用［J］．城市建设理论研究（电子版），2018（31）：63．

［31］田川．建筑设计中绿色建筑理论的应用研究［J］．中华建设，2018（11）：100-101．

［32］王翠翠．试论建筑设计理论中美术的应用与结合［J］．绿色环保建材，

2018（01）：73.

［33］张钦然. 被动式建筑设计基础理论与方法研究［J］. 低碳世界，2018（04）：181-182.

［34］唐献英. 现代建筑设计创新的方法［J］. 建材与装饰，2018（17）：67-68.

［35］康兴义. 建筑设计项目管理理论方法探讨［J］. 价值工程，2018（22）：32-33.

［36］罗琳皓. 被动式建筑理论与设计方法［J］. 居舍，2018（21）：107.